도서출판

굿드벤

기억에 남다, 사랑이 물이어다

MECD
Mobility Electrical Circuit Diagnostics

기초회로분석 THE 전류흐름도

스마트車 전장회로 분석핸드북

고장진단 REPAIR 점검장비

2

Preface

"두고두고 찾아볼
전장회로도 분석 이야기!"

솔직히 자동차의 발전 속도를 일선 교육에서나 현장 기술인들이 따라잡기에는 버겁다.

매스컴에서는 하이브리드車, 전기車, 지능형車, 자율주행車 등등 최첨단 자동차가 도래한다고 호들갑이다.

이런 마당에 지금까지 내연기관 자동차에 익숙해진 현장 기술인들은 결코 설 곳이 녹록치 않다.

심지어 **"자포자**(자동차 기술을 포기하는 사람)"가 생겨 생업마저 포기하는 세태다.

여기에 가장 발목을 잡는 것은 「전장회로 점검정비」가 차지하는 비중이 높다.

이 책의 강점이라면 「회로분석」을 편성하기 위해 **각종 정비지침서, 전장회로도, 파형분석, 진단가이드** 등을 모아모아 관련 내용들을 일목요연하게 꾸몄다는 것이다. 이때, 꼭지마다 실무에 필수 핵심 기초이론을 엣지있게 삽입한 재치를 부렸다.

하여, 「회로분석」만큼은 국내외 차를 막론하고 실전의 힘을 키울 수 있도록 1년 넘게 에디팅한 작품이다.

자동차는 지능형 전자 기술의 발달로 ECU(Electronic Control Unit)의 액추에이터(Actuator) 뿐만 아니라 BCM(Body Control Module) 등 통신을 통해 제어가 이루어진다. 과거의 정비 기술로는 진단을 내리고 문제를 해결하는 데 한계가 있다.

머리말에 갈음하여...

진단 장비를 이용하여 센서 데이터를 통해 진단하고 통신과 접지 제어를 분석하고 진단 및 정비를 해야 한다.

• 이 책은 대학과정이나 실무 현장에서도 겸용할 수 있도록 분권하였다.

1권에서는 제1편 **회로 분석 실무 기초**, 제2편 **자동차 통신 점검**, 제3편 **자동차 엔진**(엔진 전장 포함) **및 섀시 시스템**으로 편성하였다.

2권에서는 **실무 현장**에서 가장 트러블이 많은 제1편 **자동차 등화 장치**, 제2편 **자동차 안전·편의장치**, 제3편 **자동차 바디 컨트롤 모듈**로 편성하였다. 국내외 모든 차량을 진단하는데 기본지침이 될 수 있도록 전류의 흐름 경로를 통한 접지 제어 과정에서의 정비 방법을 현장감 있게 집필하였다.

확인컨대, 이 책만큼은 작업 시 드러내놓고 물을 수 없는 고민을 풀어주는 **'사이다'**가 될 것이 분명하다.

책을 집필하다 보면 뜻하지 않게 놓치는 부분이 있다. 그 구멍을 독자가 용케도 발견하는데 그때마다 여러분들의 지적을 담아 수정 보완할 것을 약속드린다. 끝으로 이 책의 출간을 위해 애써주신 (주) 골든벨 대표님, 이상호 간사님 이하 편집부 직원들에게 감사드린다.

2020. 7
차석수·강주원

Contents

Part 3

바디 컨트롤 시스템(BCM)

Part 1

등화 장치 회로·경로·점검

01. 미등 회로

① 미등^{Tail Lamp}의 개요

미등은 후미등을 말하며, 사용되는 전구는 단동식과 겸용식이 있다. 미등은 자동차의 뒷부분, 자동차의 폭, 자동차의 주차 등을 나타내는 용도로 사용되고 있다.

단동식은 필라멘트가 1개 있는 것을 말하고 겸용식은 필라멘트가 2개 설치되어 있는 것을 말한다. 복동식을 사용하는 전구는 후미등과 제동등의 겸용으로 사용되고 있으며, 후미등의 필라멘트는 5~8W 정도이고 제동등의 필라멘트는 21~27W 정도이다. 또한 미등 회로는 번호판 등과 같이 작동한다.(차종에 따라 좌, 우 미등 회로 연결)

② 미등 자동 소등 시스템

(1) 미등의 자동 소등 기능

미등의 자동 소등 기능은 미등이 점등된 상태에서 점화 스위치를 OFF시키고 운전자가 이동하였을 때 배터리의 방전 요인이 되는 현상을 근본적으로 방지하기 위한 시스템으로 미등이 점등되어 있는 상태로 운전자가 시동을 끄고 하차 하기 위해 운전석 도어를 열면 그 즉시 미등이 자동으로 소등되는 기능이다. (운전석만 가능)

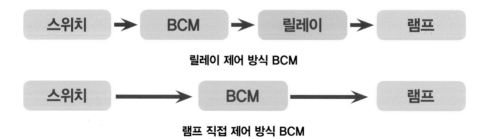

릴레이 제어 방식 BCM

램프 직접 제어 방식 BCM

(2) 미등 자동 소등 기능의 작동

미등 자동 소등 기능의 작동은 전기 제어 장치(전기 제어 장치의 명칭은 제작회사와 그 방식에 따라 명칭이 달라 여기에서는 **"전기 제어 장치"**로 통칭한다.)에 의해 전자적으로 제어되며, 전기 제어 장치는 미등의 자동 소등 기능을 제어하기 위해 점화 스위치 ON·OFF 신호, 미등 스위치 ON·OFF 신호, 운전석 도어 열림·닫힘 신호 등을 감지하여 미등을 자동으로 소등시킨다.

③ 램프 직접 제어 방식 BCM 미등

램프 직접 제어 방식 BCM Body Control Module 장착 차량의 미등 작동은 기존의 미등 스위치에서 BCM으로 작동 신호를 보내면 릴레이를 제어하여 미등을 작동시키는 방식에서 릴레이의 기능을 BCM에서 직접 제어하는 방식으로 변경되었다. 이렇게 함으로써 제어 릴레이와 제어 관련 퓨즈를 삭제 할 수 있는 효과를 볼 수 있으며, 고장 진단에서도 스캐너를 통한 입·출력 상태와 액추에이터 테스트, 고장 코드를 형성 할 수 있어 진단 작업이 편리하다.

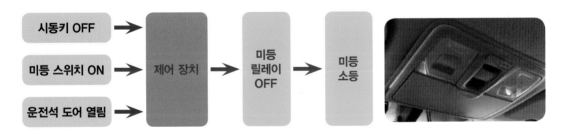

미등의 자동 소동 기능

④ 미등 회로에 사용되는 용어

① INTER FACE: 컴퓨터 및 소프트웨어 조작 방식을 말하며 넓게는 서로 다른 두 물체 사이에서 상호 간 대화 혹은 연결하는 방법을 의미한다.

② Supervision: 감독, 감시

③ Conventional: 전통적인 방식

④ TRANSCEIVER: 송수신 장치

⑤ C-CAN: 차량의 ECU, TCU 등 고속 데이터 전송용 통신(500kbps)

⑥ B-CAN: 바디 통신 즉 BCM, IPS, 후방 감지기 등의 부속 장비들의 통신에 사용된다.(100kbps)

⑤ 미등 회로(1/2)

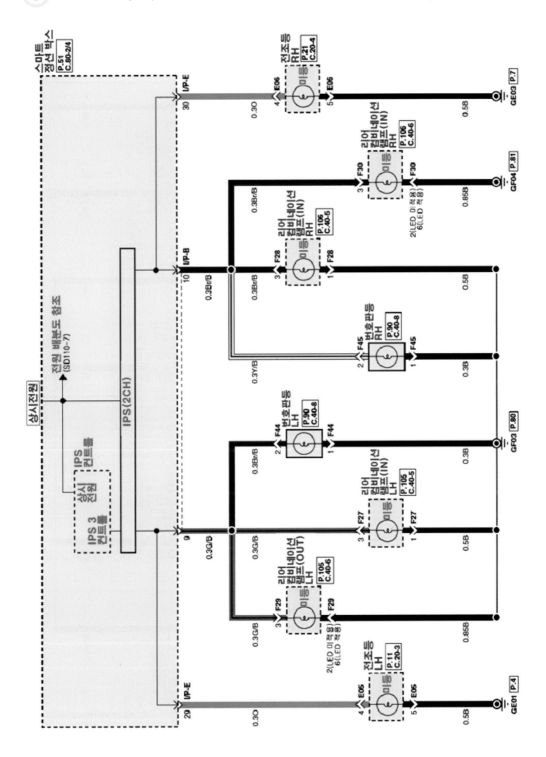

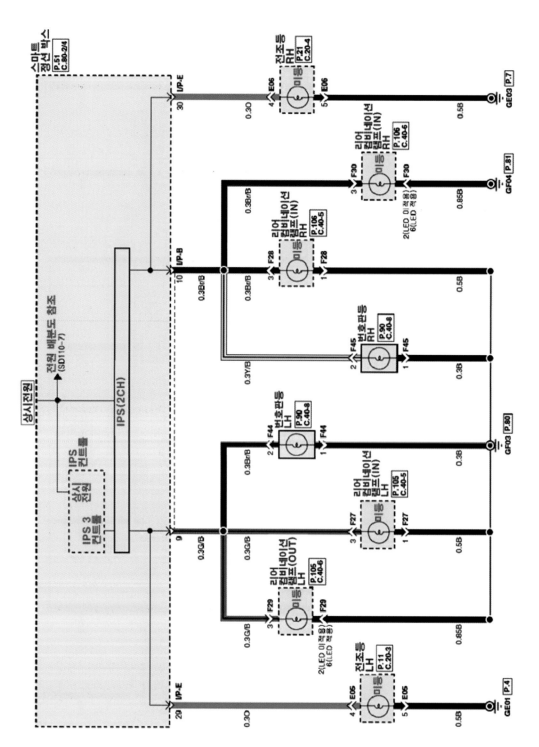

⑥ 미등 회로 경로

❶ 다기능 스위치 ON: BCM 미등 스위치 → 다기능 스위치(TAIL) → 점지

❷ BCM → B-CAN 통신 라인 → 스마트 정션 박스 IPS 컨트롤 모듈(미등 스위치 ON 입력)

    └ B-CAN 통신 라인 → 계기판(B-CAN TRANSCEIVER) → MICOM

❸ 상시 전원 → 계기판(TR → 계기판 테일 램프 → INTER FAC → MICOM) → 점지

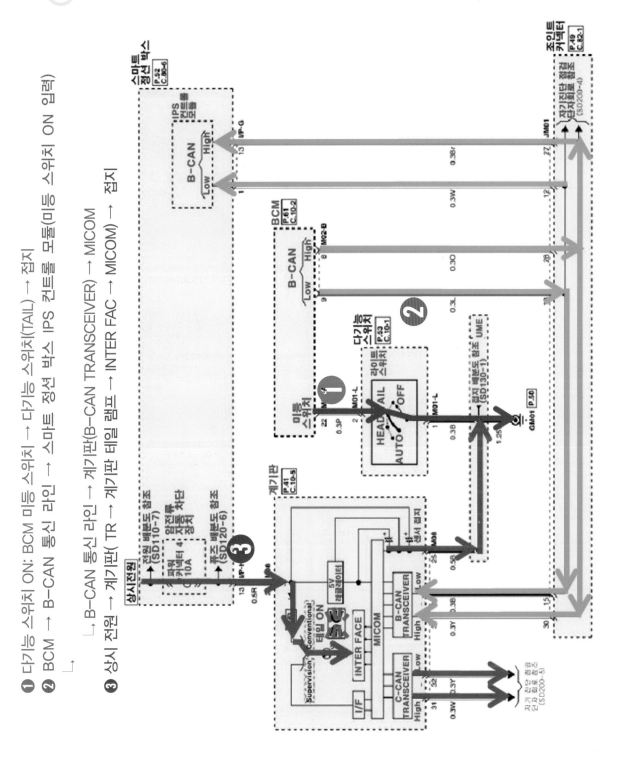

⑥ 미등 회로 경로

④ 상시 전원 → IPS 컨트롤 → IPS(2CH)
└ IPS(2CH) → 미등 램프(전조등, 리어 미등 램프, 번호판 램프) → 접지(⑤)

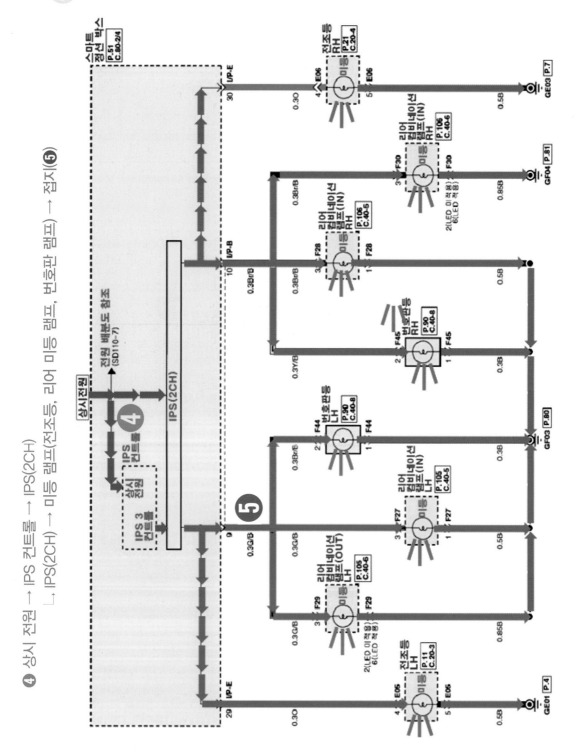

⑦ 미등 회로 점검

(1) 아래 회로에서 미등(TAIL) 스위치 OFF–ON 하면서 테스터 (–)프로브 → 접지.
(+) 프로브를 A, B, C, D에 연결하여 각각 측정하였을 때 정상적인 전압값은?

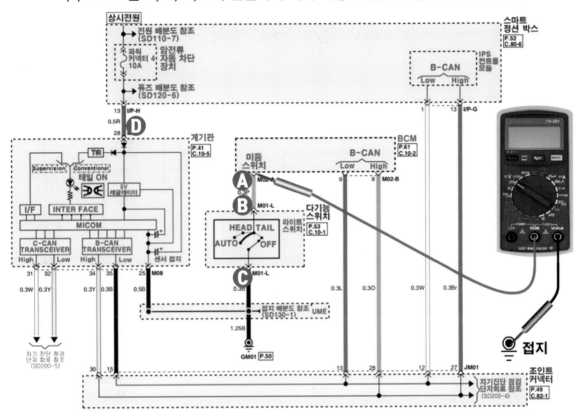

⚙ 정상값 및 불량할 때 정비 방법

점검 요소	정상값		불량할 때 정비 방법
A	12V	0V	● 미등 스위치 A, B는 풀업 방식 제어로 12V → 0V 로 바뀔 때 스위치 ON 상태 판단.
B	12V	0V	● 스위치 ON에서 0V 나오면 측정 지점에서 접지 사이가 단선. 접지부 연결 상태. 스위치. 배선의 단선 등을 점검한다
C	12V	0V	● 스위치 OFF 상태에서 측정하여 측정 전압이 12V 나오면 양호, 0V 나오면 측정 지점에서 접지 사이가 단선이므로 접지 연결 상태, 배선의 단선 등을 점검한다, ● 스위치 ON 상태 측정에서 0V 나오면 양호, 0.2V 이상 나오면 집지부 접촉 불량.
D	12V	0V	● 스위치 OFF. ON 상태 측정에서 0V 나오면 상시 전원에서 측정 지점까지 단선 되었으므로. 파워 커넥터 퓨즈 단선. 커넥터 탈거, 배선의 단선 등을 점검한다.

(2) 아래 회로에서 미등^{TAIL} 스위치 ON 상태에서 테스터 (−)프로브 접지. (+)프로브를 A, B, C, D, E, F, G, H, I, J, K, L, M, N, O, P에 각각 측정하였을 때 정상적인 전압값은?

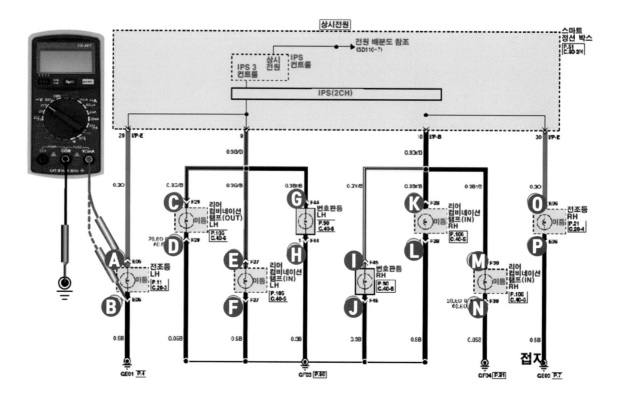

⚙️ 정상값 및 불량할 때 정비 방법

점검 요소	정상값	불량할 때 정비 방법
A, C, E, G, I, K, M, O	12V	A 한 부분만 전압이 0V 나오면 IPS 컨트롤에서 G지점 사이가 단선. A, C, E, G, I, K, M, O 지점 전부 0V 나오면 IPS 컨트롤 혹은 B-CAM 통신 점검
B, D, F, H, J, L, N, P	0V	H 측정 전압이 0.2V 이상이면 측정 지점부터 접지 사이에 저항이 있으므로 접지 연결 상태를 점검한다. 12V 나오면 측정 지점부터 접지 사이가 단선되었으므로 접지 연결 상태. 배선의 단선 등을 점검한다. (단 미등 램프 정상일 때)

(3) 미등 회로 점검(저항 테스터로 접지선 단선 점검): 아래 회로에서 테스터 B, D, F, H, L, J, N, P 부분에 테스터 (+)프로브 연결하고 접지에(−)프로브 연결하여 저항을 값을 측정하였을 때 정상값은?

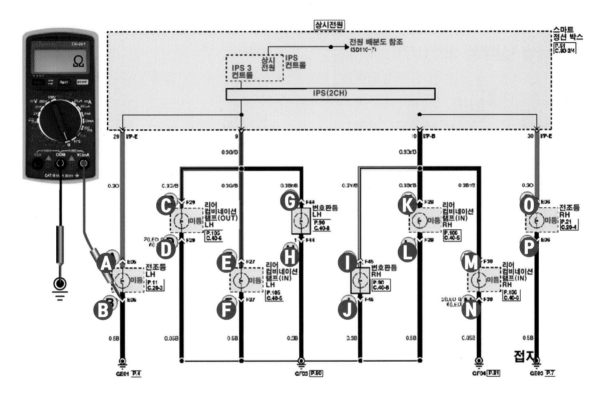

⚙ 정상값 및 불량할 때 정비 방법

점검 요소	정상값	불량할 때 정비 방법
B, D, F, H, J, L, N, P	0Ω	저항이 1Ω 이상 나오면 램프에서 접지부까지 접촉 불량(접지 볼트 헐거움, 배선 눌림 등)이며, 저항이 무한대 나오면 접지선의 단선 혹은 접지부 연결 불량

> 🔖 **참고**
>
> 접지선 단선. 접지 접촉 불량은 미등 회로 점검(2)에서 선간 전압 측정 방법과. 점검(3) 저항 측정법이 있다. 모터 접지, 램프 접지선 저항 점검은 앞으로 다루지 않으므로 충분히 숙지하고 넘어간다.

02. 실내등 회로

1 실내등 회로(1/7)

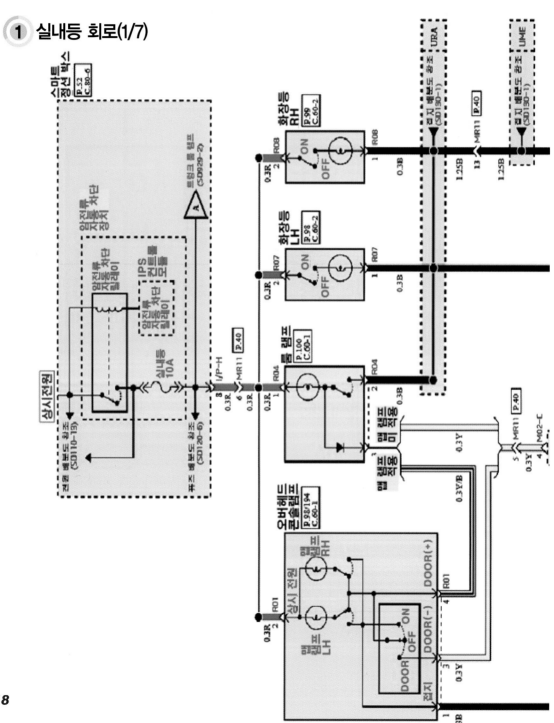

① 실내등 회로(2/7)

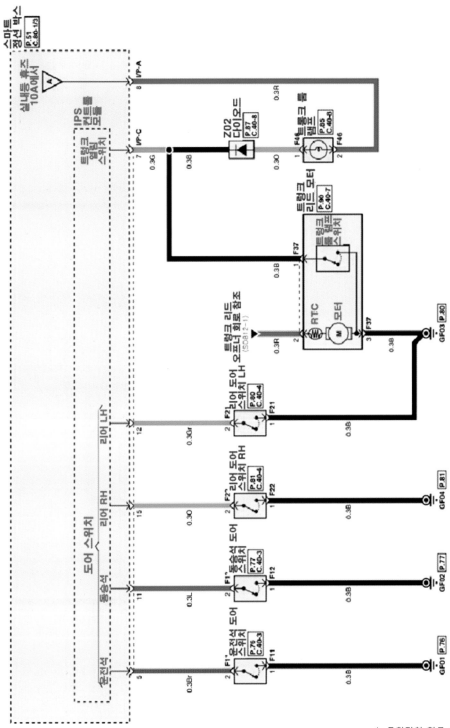

❶ 화장등 LH(ON): 상시 전원 → 암 전류 차단 릴레이 → 실내등 10A → 화장등 LH(점등) → 접지

❷ 룸 램프(ON): 상시 전원 → 암 전류 차단 릴레이 → 실내등 10A → 룸 램프(점등) → 접지

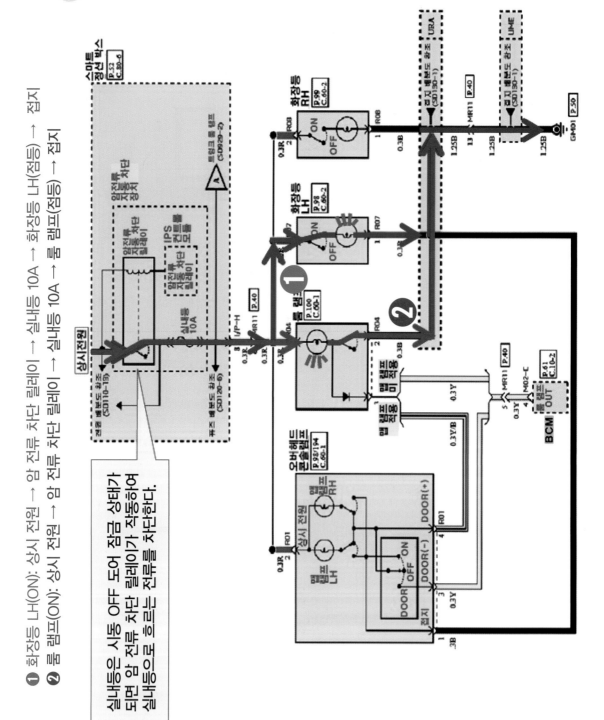

실내등은 시동 OFF 도어 잠금 상태가 되면 암 전류 차단 릴레이가 작동하여 실내등으로 흐르는 전류를 차단한다.

❸ 맵 램프 LH(ON): 상시 전원 → 암 전류 차단 릴레이 → 실내등 10A → 오버 헤드 콘솔 램프(맵 램프 LH) → 접지

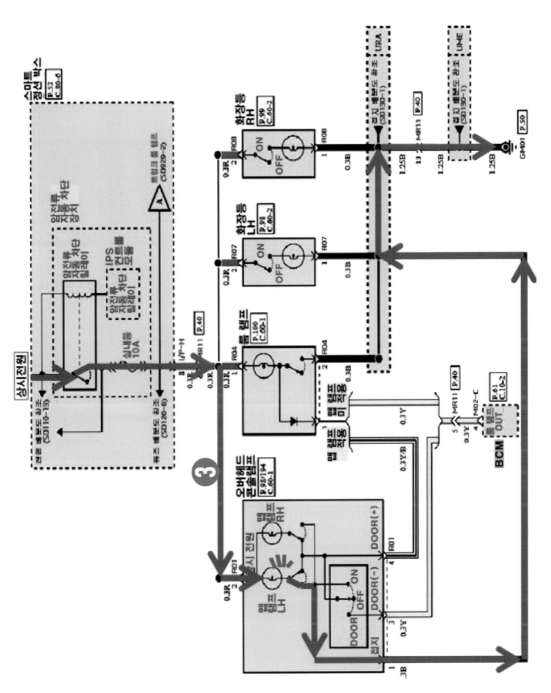

④ 도어 열었다 닫을 때: 상시 전원 → 암 전류 차단 릴레이 → 실내등 10A → (오버 헤드 콘솔 램프[맵 램프 → 도어 OFF → 도어(-)] → BCM(룸 램프 OUT 30초 후 접지 차단)

● 분기점 → 룸 램프 → 다이오드 → 오버 헤드 콘솔 램프[도어 (+) → 도어 OFF → 도어 (-) → BCM(룸 램 프 OUT 접지 제어)

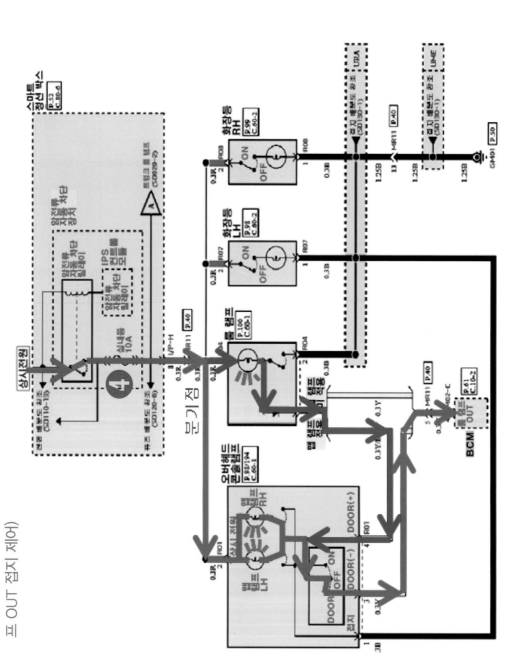

22

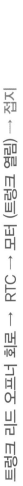

① 실내등 회로(6/7)

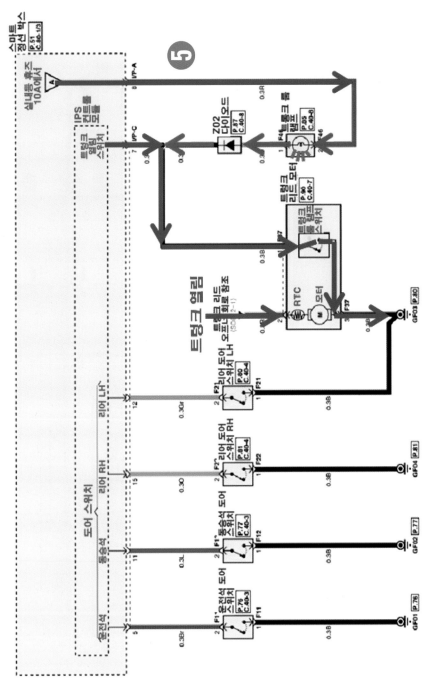

⑤ 트렁크 열림(트렁크 룸 램프 스위치 ON): IPS 트렁크 열림 스위치 → 트렁크 룸 램프 스위치 → 접지
- 실내등 퓨즈 10A에서 → 트렁크 룸 램프 → 다이오드 → 룸 램프 스위치 → 모터 → 접지
- 트렁크 리드 오프너 회로 → RTC → 모터 (트렁크 열림) → 접지

● 밤에 차문을 열고 내릴 때, 스마트 키를 소지한 운전자가 차량에 다가갈 때 웰컴 시스템 기능이 가동되면 서 점등되던 이웃 사이드 미러가 펼쳐짐과 동시에 퍼들 램프도 점등된다.

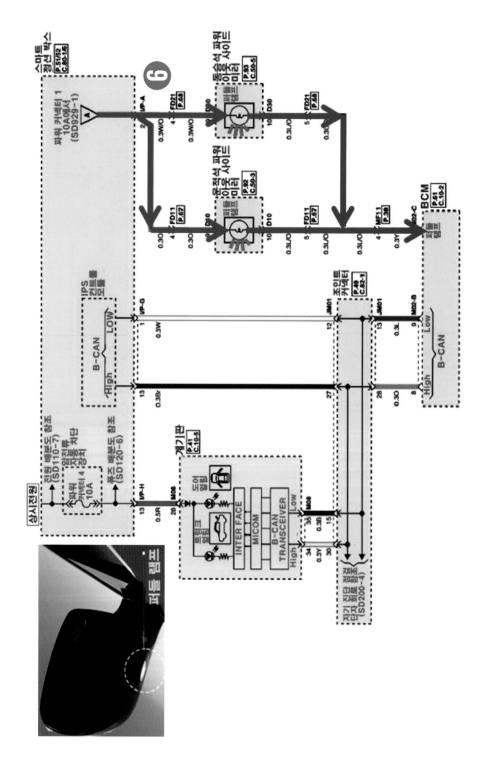

❻ BCM에서 점등 제어: 정션 박스 10A 퓨즈 → 아웃 사이드 미러 퍼들 램프 → BCM 접지

24

② 실내등 회로 점검

(1) IG ON 상태에서 룸 램프 스위치 및 화장등 스위치 ON 할 때 작동 전압은? "단" 전압계 (−)리드선 차체 접지, (+)리드선 A부터 K까지 연결하면서 각각 점검한다.

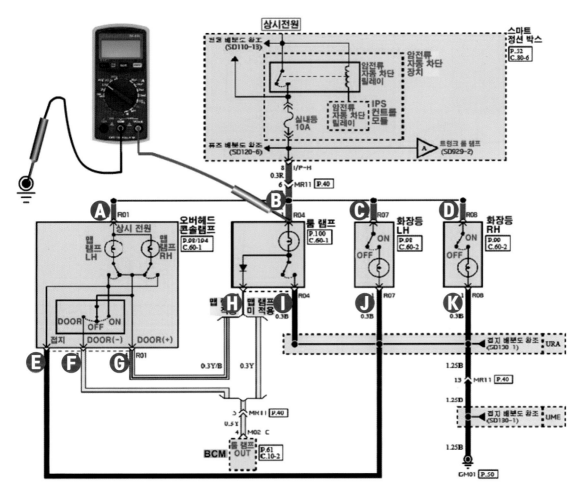

⚙ 정상값 및 불량할 때 정비 방법

점검 요소	정상값	불량할 때 정비 방법
A, B, C, D	12V	0V이면 상시 전원에서 릴레이 단선, 퓨즈 단선, 배선 단선 및 커넥터 접촉 상태를 점검한다.
E, F, G, H I, J, K	0V	● 0.2V 이상이면 접지선에 저항이 있으므로 접지 연결 상태를 점검한다. ● 12V이면 측정 위치에서 접지까지 단선 되었으므로 접지선 단선 혹은 접지 연결 상태를 점검한다.

(2) 시동 OFF 도어 열었다 닫았을 때 "B" 부분의 측정 변화 값은? "단" 전압계 (−) 리드선을 차체 접지, (+) 리드선을 B에 연결하여 점검한다.

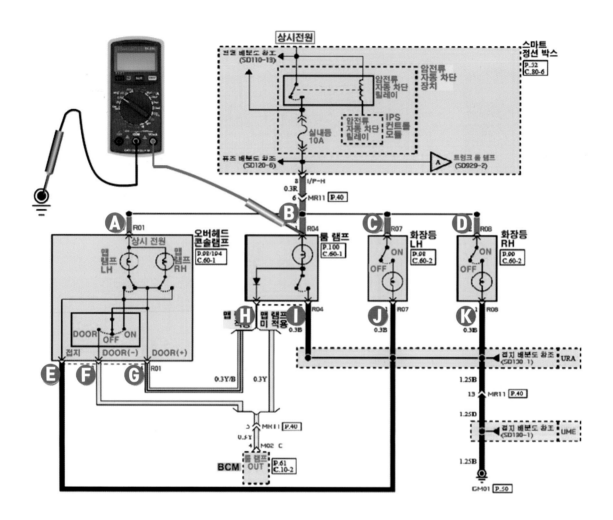

⚙ 정상값 및 불량할 때 정비 방법

점검 요소	정상값	불량할 때 정비 방법
B	12V 30초 후 0V	● 실내등은 시동 OFF. 도어 잠금 상태가 되면 BCM에서 30초 후 암전류 차단 릴레이가 작동하여 실내등으로 흐르는 전류를 차단하므로 전압은 12V에 0V가 된다. ● 불량하면 실내등 퓨즈 단선. 룸 램프 단선, 스위치 불량, 배선 커넥터 접촉 상태를 점검한다.(BCM 접지 제어 정상일 때)

(3) 트렁크 열어 놓고 A, B, C, D에서 측정하였을 때 측정값은 얼마인가? "단" 전압
계 (‒) 리드선을 차체 접지, (+) 리드선을 A부터 D까지 연결하면서 각각 점검한다.

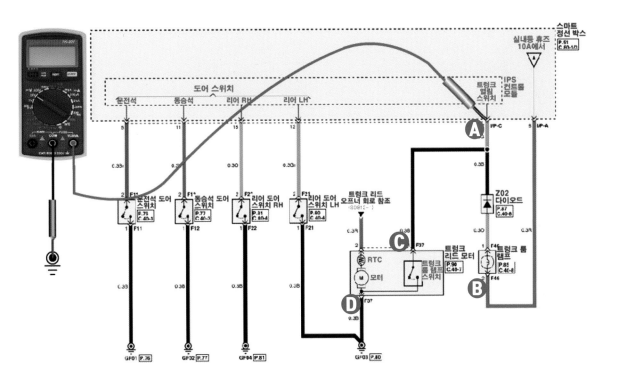

⚙ 정상값 및 불량할 때 정비 방법

점검 요소	정상값	불량할 때 정비 방법
A	0V	트렁크 룸 램프는 ISP에서 풀업 방식 제어로 12V → 0V로 바뀔 때 스위치 ON 상태를 판단한다. 불량하면 스위치, 캔 통신, ISP등 불량.
B	12V	측정값이 0V이면 실내등 퓨즈 단선 혹은 커넥터 접촉 불량, 배선의 단선 등이다.
C, D	0V	● C, D에서 측정값이 0.2V 이상이면 접지선에 저항이 있으므로 접지부 연결 상태를 점검한다. ● 12V이면 측정 위치에서 접지까지 단선이므로 접지선 단선, 접지 연결 불량. 스위치 불량 등을 점검한다.

(4) IG ON. 도어 및 트렁크 열어 놓고 A~E까지 각각 측정하였을 때 측정값은? "단" 전압계 (−) 리드선을 차체 접지. (+) 리드선을 A~E에 연결하여 점검한다)

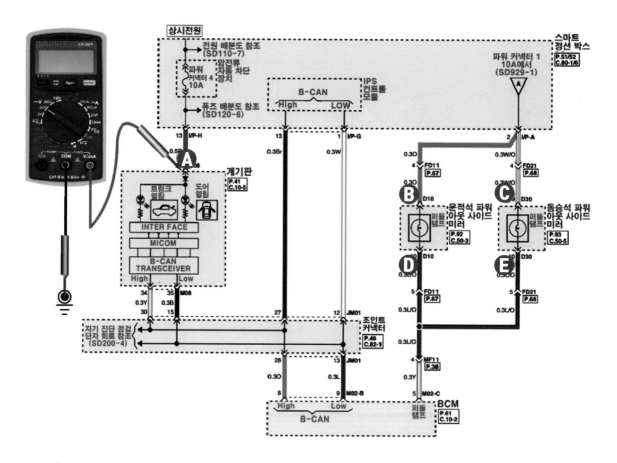

⚙ 정상값 및 불량할 때 정비 방법

점검 요소	정상값	불량할 때 정비 방법
A	0V	A에서 측정값이 0V이면 상시 전원에서 A까지 퓨즈 단선, 커넥터 접촉 불량, 배선의 단선 등을 점검한다.
B, C	12V	B, C에서 측정값이 0V이면 파워 커넥터 퓨즈 단선. 커넥터 접촉 불량, 배선의 단선 등을 점검한다.
D, E	0V	● D, E에서 측정값이 0.2V 이상이면 접지부에 저항이 있으므로 점검한다. ● 12V이면 측정 위치에서 접지까지 단선 되었으므로 배선의 단선, 커넥터 접촉 불량, 접지부 연결 상태 등을 점검한다.

03. 전조등 회로

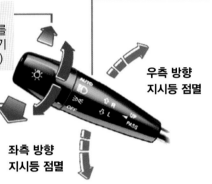

- **상향등 점화**

  ⊫▣ 위치에 라이트 스위치를 밀면 상향등이 점등된다.(계기판에 전조등 상향 표시등 점등)

우측 방향 지시등 점멸

- **패싱**

  라이트 스위치의 위치에 관계없이 스위치 레버를 당기고 있는 동안 상향등이 점등된다.

좌측 방향 지시등 점멸

- **배터리 세이버(라이트 자동 소등 기능)**

  부주의로 종종 미등을 켜놓은 상태로 차량을 이탈하여 배터리가 방전되는 경우가 있다. 이러한 경우를 방지하기 위해 배터리 세이버 기능을 두었다.

  - 미등을 켜놓은 채로 차량 키를 탈거한 후 차량에서 이탈할 경우(운전석 도어를 열고 닫은 경우) 미등은 자동 소등된다.
  - 미등을 다시 켜고자 할 때는 차량 키를 삽입한 상태에서 시동 키를 Acc, on 위치로 하거나 라이트 스위치를 껐다가 다시 미등 작동 위치로 둔다.

- **전조등 및 미등 스위치**

  AUTO

  (미등·전조등 자동 작동)

  오토 라이트 센서로부터 받은 빛의 조도에 따라 전조등과 미등이 자동으로 점등·소등된다.

  ⊫▣ (전조등 점등)

  전조등, 차폭등, 미등, 번호판등, 프런트 안개등(프런트 안개등 스위치 ON상태), 기타 실내 조명등이 점등된다.

  ⊐○⊏ (미등 점등)

  차폭등, 미등, 번호판등, 프런트 안개등(프런트 안개등 스위치 ON상태), 기타 실내 조명등이 점등된다.

  ⊐○⊏ (라이트 소등)

  라이트가 소등된다.

① 미등 자동 소등 시스템

전조등을 작동하기 위해서는 이그니션 스위치 ON 이상의 상태이어야 한다.

다기능 스위치의 좌측 라이트 스위치를 돌려 HEAD 위치에 놓고 딤머·패싱 스위치의 LOW·HIGH를 결정한다. 여기서 딤머·패싱 스위치는 보통 LOW 위치에 놓는다.

(1) 딤머 · 패싱 스위치 LOW

라이트 스위치 HEAD 위치에서 딤머·패싱 스위치를 LOW 위치에 놓으면 BCM에서 신호를 입력으로 받아 IPS 컨트롤 모듈에 CAN 통신으로 송신하고, IPS 컨트롤 모듈은 다시 ARISU 1, 2(SJB 내부 존재)를 제어하여 전조등LOW을 점등시킨다. 제어 상태의 결과와 진단 결과는 CAN 통신을 통해 BCM 으로 보내진다.

(2) 딤머 · 패싱 스위치 HIGH

라이트 스위치 HEAD 위치에서 딤머·패싱 스위치를 HIGH 위치에 놓으면 BCM 에서 신호를 입력으로 받아 계기판 및 IPS 컨트롤 모듈에 CAN 통신으로 송신한다. 이때 계기판의 MCU는 상향 표시등은 점등시키고, IPS 컨트롤 모듈은 다시 ARISU 1, 2를 제어하여 전조등HIGH을 점등시킨다. 제어 상태의 결과와 진단 결과는 CAN 통신을 통해 BCM으로 보내진다.

(3) 딤머 · 패싱 스위치

라이트 스위치의 HEAD 위치와 관계없이 항상 작동시킬 수 있다.
딤머·패싱 스위치를 운전자 방향으로 2~3회 정도 당겨 올려 타 차량의 주의를 환기시킬 때 사용하며 계기판의 상향 표시등 및 전조등HIGH이 점등된다.

(4) Hardware 보호 기능

실내 정션 박스는 IPS 컨트롤 모듈 Dead 상태(외부로부터의 물리적, 전기적 충격으로 인한 동작 불능 상태) 시 라이트 스위치 상태를 확인하여 이그니션 스위치가 ON이고, 라이트 스위치(로우)가 ON이면 전조등LOW을 강제로 점등하여 운전자의 안전을 확보한다.

(5) 제어 기능 – CAN 페일(백업 기능)

실내 정션 박스는 CAN 페일시 이그니션 스위치가 ON이면 전조등LOW을 강제 점등한다.

② 다기능 스위치 점검

다기능 스위치의 각 위치에서 아래 단자의 도통 상태를 확인한다.
도통 상태가 바르지 않으면 다기능 스위치를 교환한다.

● 라이트 스위치 점검

위치＼단자	1	2	3
OFF			
TAIL	●——————●		
H/LAMP	●——————●——————●		

● 딤머·패싱 스위치 점검

위치＼단자	10	8	9	1
HU	●————————————●			
HL	●——————●			
PASS	●——————————————————●——————●			

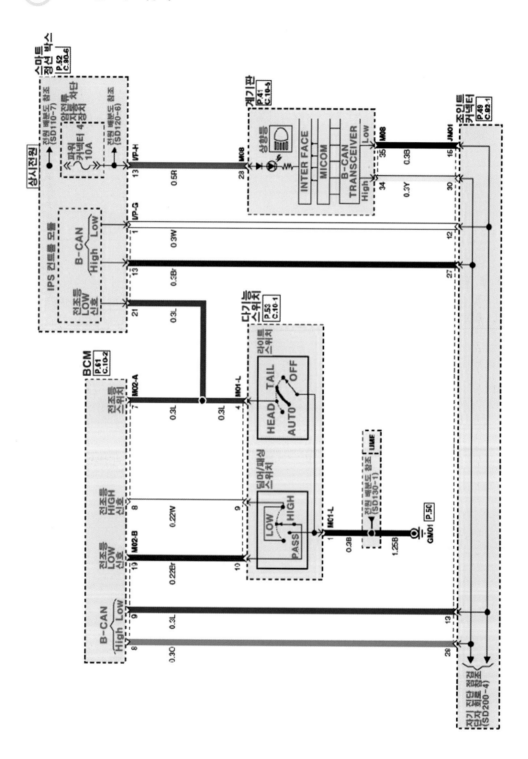

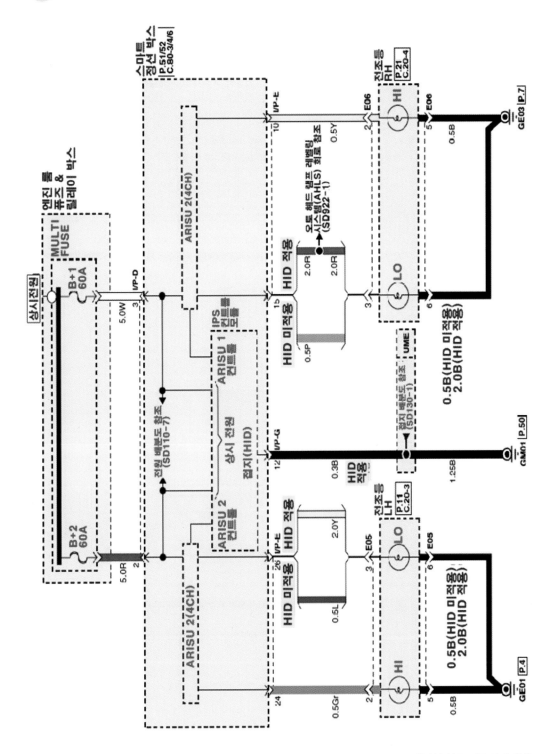

④ 전조등 회로 경로(1/4)

❶ 라이트 스위치 HEAD: BCM(전조등 스위치) → 라이트 스위치(HEAD) → 접지
딤머·패싱 스위치 LOW: BCM(전조등 LOW 신호) → 딤머·패싱 스위치(LOW)

❷ BCM 전조등 LOW 신호 감지하여 B-CAN 통신으로 IPS 컨트롤 모듈 및 계기판에 신호 전달

전조등 LOW 신호는 연결되는 곳 없음

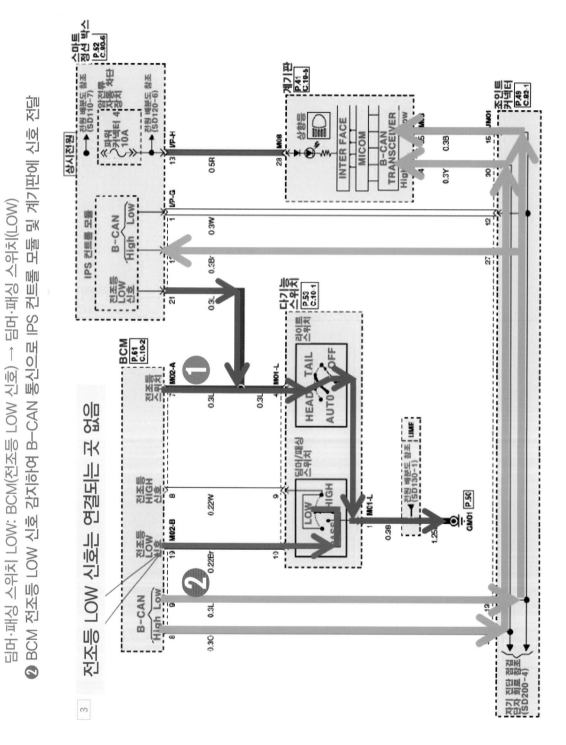

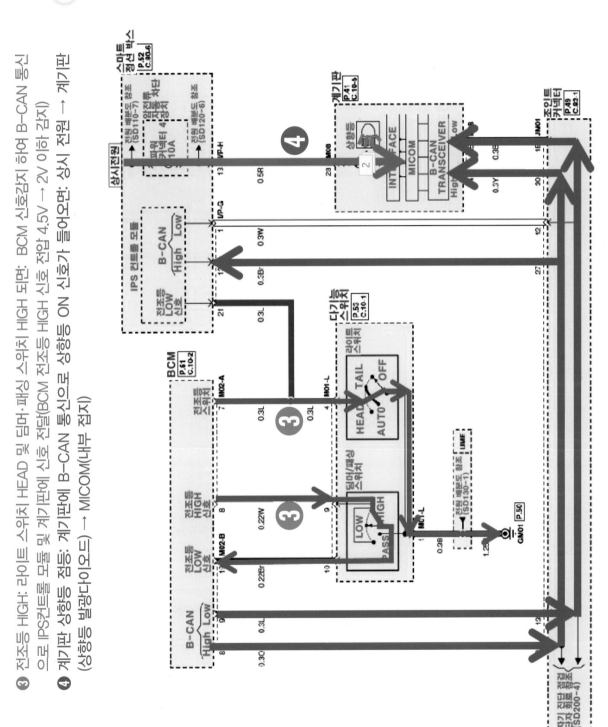

⑤ 딤머·패싱 스위치: BCM(전조등 HIGH 신호) → 딤머·패싱 스위치(HIGH → PASS) → 접지

⑥ BCM 전조등 PASS 신호 감지하여 B-CAN 통신으로 IPS 컨트롤 모듈 및 계기판에 신호 전달(※ BCM에서 전조등 스위치 신호 없고 전조등 HIGH 신호만 감지되면 패싱으로 인식하여 패싱 신호 B-CAN 통신으로 송신)

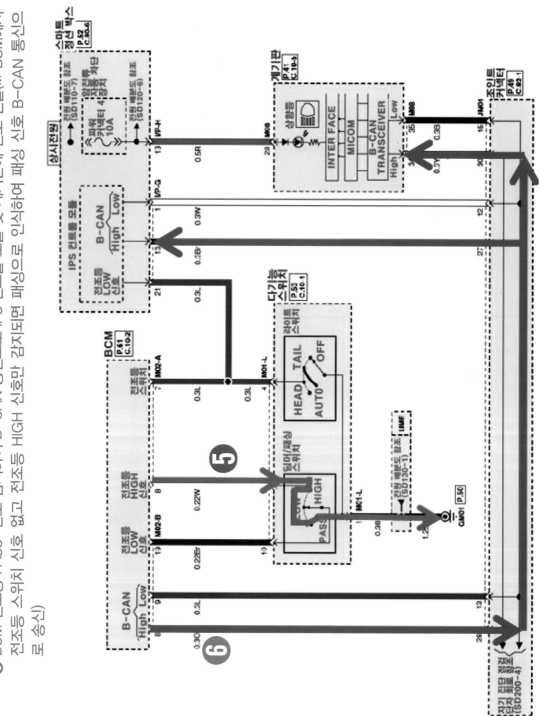

④ 전조등 회로 경로(4/4)

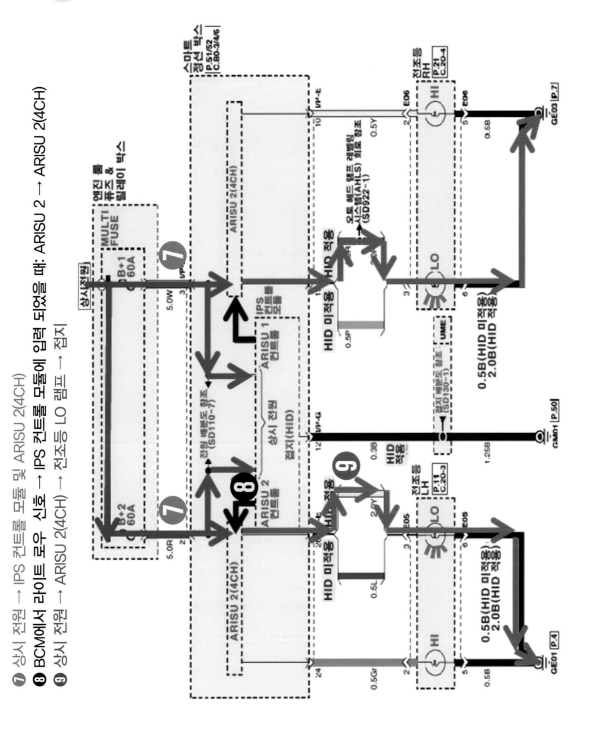

❼ 상시 전원 → IPS 컨트롤 모듈 및 ARISU 2(4CH)

❽ BCM에서 라이트 로우 신호 → IPS 컨트롤 모듈에 입력 되었을 때: ARISU 2 → ARISU 2(4CH)

❾ 상시 전원 → ARISU 2(4CH) → 전조등 LO 램프 → 접지

⑤ 전조등 회로 점검

(1) 다기능 스위치 전조등^{HEAD}에서 딤머·패싱 스위치 LOW. HIGH로 작동하면서 A, B, C, D지점에서 각각 전압을 점검하였을 때 전압값은? "단" 전압계 (−)프로브는 접지시키고 측정)

- BCM. IPS는 풀업방식 제어로 5V(4V) → 0V 로 바뀔 때 스위치 ON상태로 판단.

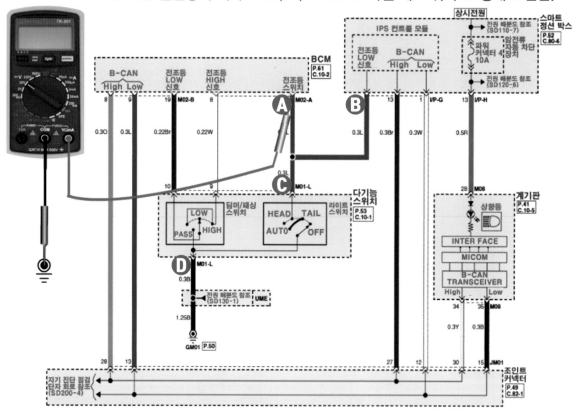

⚙ 정상값 및 불량할 때 정비 방법

점검 요소	정상값	불량할 때 정비 방법
A, B, C	0V	● A, B, C, D가 스위치 ON 시켰을 때 4V 이상 나오면 측정 지점에서 접지까지 사이에 단선이므로 스위치 고장, 접지의 연결 상태 불량, 커넥터의 접촉 불량, 배선의 단선 등을 점검한다.
D	12V	● D지점에서 4V 이상 나오면 D지점에서 접지까지 사이에 단선을 점검한다. ● D지점에서 0.2V이상이 나오면 접지의 연결 부위에 접촉 저항이 있으므로 점검한다.

(2) 다기능 스위치 전조등^{HEAD} HIGH로 작동하면서 A, E, C, D지점에서 각각 전압을
점검하였을 때 전압값은?

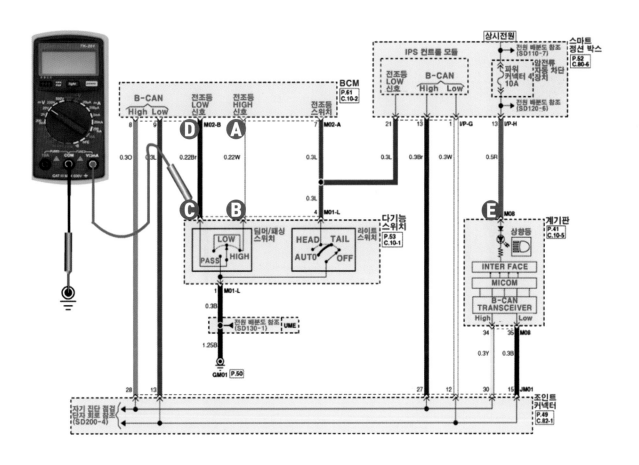

⚙ 정상값 및 불량할 때 정비 방법

점검 요소	정상값	불량할 때 정비 방법
A, B, C, D	0V	A, B, C, D지점에서 스위치를 ON 시켰을 때 0V가 나오면 측정 지점에서 BCM 전조등 HIGH 신호 사이에 단선이므로 스위치 고장, 커넥터 접촉 불량, 배선의 단선 등을 점검한다.(여기에서 0V는 전압이 측정되지 않음)
E	12V	E지점이 0V가 나오면 상시 전원에서 E지점 사이에 단선이므로 퓨즈 단선, 배선의 단선 등을 점검한다.

(3) 다기능 스위치 전조등 패싱PASS으로 작동하면서 A, E, C지점에서 각각 전압을 점검하였을 때 전압값은? "단" 다기능 스위치 레버 위로 당기고 있으면서 측정한다.

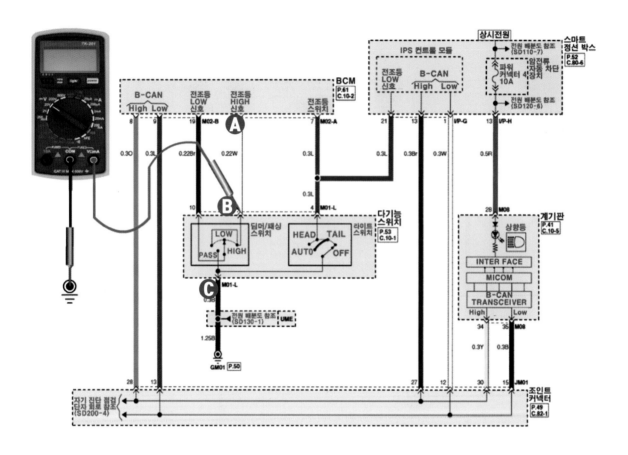

⚙ 정상값 및 불량할 때 정비 방법

점검 요소	정상값	불량할 때 정비 방법
A, B, C	0V	● A, B, C지점에서 스위치를 ON시켰을 때 4V 이상이 나오면 측정 지점에서 접지까지 사이에 단선이므로 스위치 고장, 커넥터 접촉 불량, 배선의 단선 등을 점검한다. ● C 지점이 0.2V 이상 나오면 접지에 접촉 저항이 있으므로 접지의 연결 상태를 점검한다.

(4) 다기능 스위치 전조등^{HEAD}에서 딤머·패싱 스위치 LOW, HIGH로 작동하면서 A, B, C, D, E, F, G, H지점에서 각각 전압을 점검하였을 때 전압값은? "단" 전압계 (−) 프로브는 접지시키고 측정.

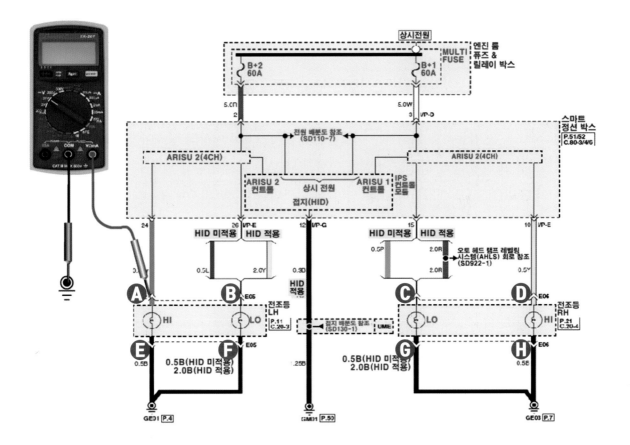

⚙ 정상값 및 불량할 때 정비 방법

점검 요소	정상값	불량할 때 정비 방법
A, B, C, D	12V	A, B, C, D지점에서 스위치를 ON시켰을 때 0V가 나온다면 상시 전원에서 측정 지점까지 사이에 단선이므로 퓨즈, 커넥터의 접촉 상태, 배선의 단선 등을 점검한다.
E, F, G, H	0V	● E, F, G, H지점에서 12V가 나오면 측정 지점에서 접지까지의 사이에 단선이므로, 접지 연결 상태, 배선의 단선 등을 점검한다. ● 0.2V 이상 나오면 접지 연결부에 접촉 저항이 있으므로 점검한다.

04. 전조등 회로(아반떼 AD 2019년식)

① 전조등 회로 개요

(1) 회로 설명

전조등을 작동하기 위해서는 이그니션 스위치를 ON 이상의 상태이어야 하며, 다기능 스위치 좌측 라이트 스위치를 돌려 HEAD 위치에 놓고 딤머·패싱 스위치의 LOW/HIGH를 결정한다.(보통 딤머·패싱 스위치 LOW 위치에 놓는다.

(2) 딤머·패싱위치 LOW

라이트 스위치 HEAD 위치에서 딤머·패싱 스위치를 LOW 위치에 놓으면 BCM 메서 신호를 입력 받아 IPS 컨트롤 모듈로 CAN 통신으로 송신하고, IPS 컨트롤 모듈은 다시 ARISU(4CH)를 제어해 전조등LOW을 점등시킨다.

제어 상태의 결과와 진단 결과는 CAN 통신을 통해 BCM으로 보내진다.

(3) 딤머·패싱위치 HIGH

라이트 스위치 HEAD 위치에서 딤머·패싱 스위치를 HIGH 위치에 놓으면 BCM 에서 신호를 입력 받아 계기판 및 IPS 컨트롤 모듈에 CAN 통신으로 송신한다. 이때 계기판의 MCOM은 상향 표시등을 점등시키고, IPS 컨트롤 모듈은 ARISU(4CH)를 제어하여 전조등HIGH들 점등시킨다.

제어 상태의 결과와 진단 결과는 CAN 통신을 통해 BCM으로 보내진다.

(4) 딤머·패싱 스위치 PASS

딤머·패싱 스위치는 "타 차량의 주의를 환키시킬 때 사용하며"(운전자 방향으로 2 ~ 3회 정도 당겨 올린다.) 라이트 스위치의 HEAD 위치와 관계없이 항상 전조등 HIGH를 작동시킬 수 있다.

(5) 전조등 에스코트 기능

밤길에 운전자의 시야를 확보하기 위한 기능이다.

① 전조등LOW 스위치를 ON 상태에서 이그니션 스위치를 OFF시킨 경우 약 5분 동안 점등을 유지한 후 소등된다.

② 그리고 운전석 도어를 열고 닫으면 전조등은 약 15초 동안 점등 후 소등된다.

③ 그러나 에스코트 기능 작동 중 리모컨 키 또는 스마트 키의 2회 잠금 요청을 받은 경우 또는 전조등LOW 작동 요청을 취소한 경무 즉시 해제된다.

(6) 다기능 스위치 단품 점검

아래 표와 같이 다기능 스위치 각 위치에서 커넥터 단자 사이의 저항을 점검한다.

스위치 명칭	스위치 위치	커넥터 단자	합성 저항값(Ω, ±3.5%)
헤드램프 패싱 /하이빔 스위치	OFF	9-13	∞
	패싱		910
	딤머		2910
라이트 스위치	OFF	9-14	∞
	오토		680
	미등		1680
	헤드램프 로우		5580

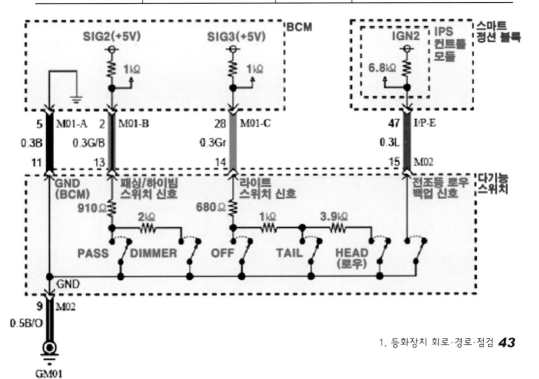

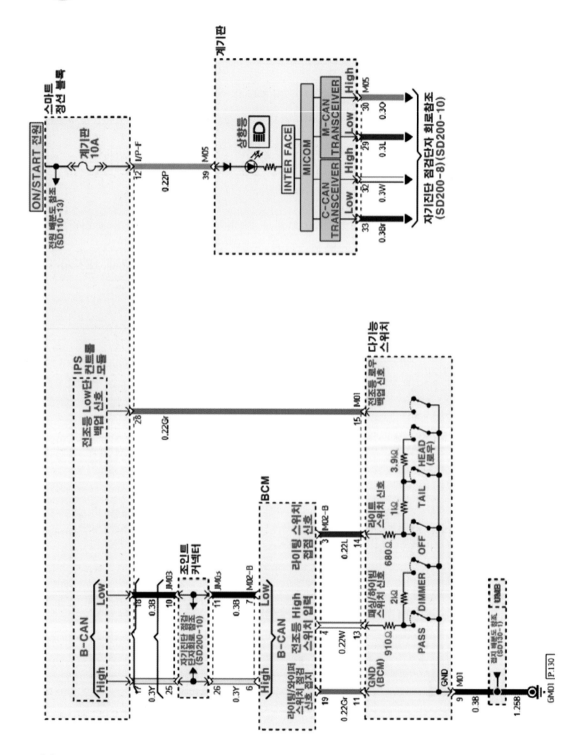

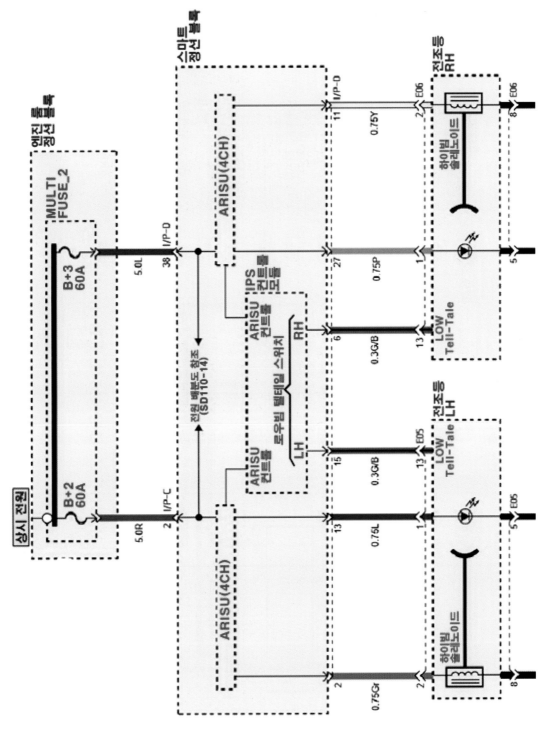

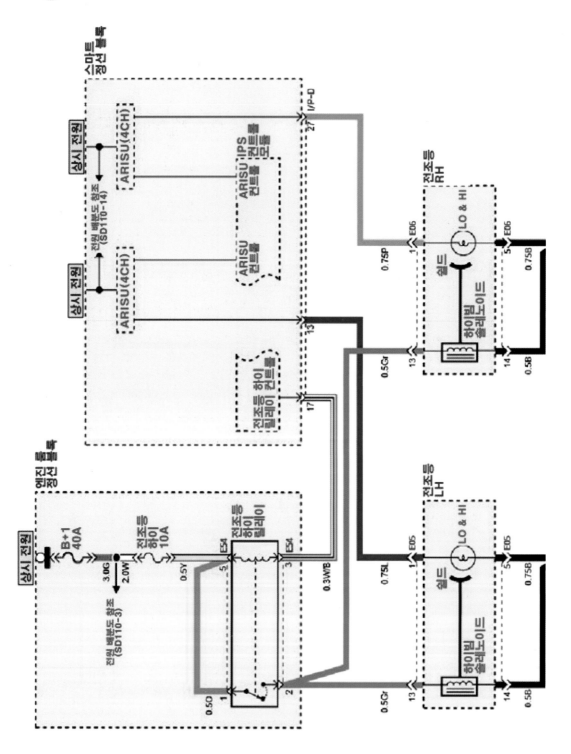

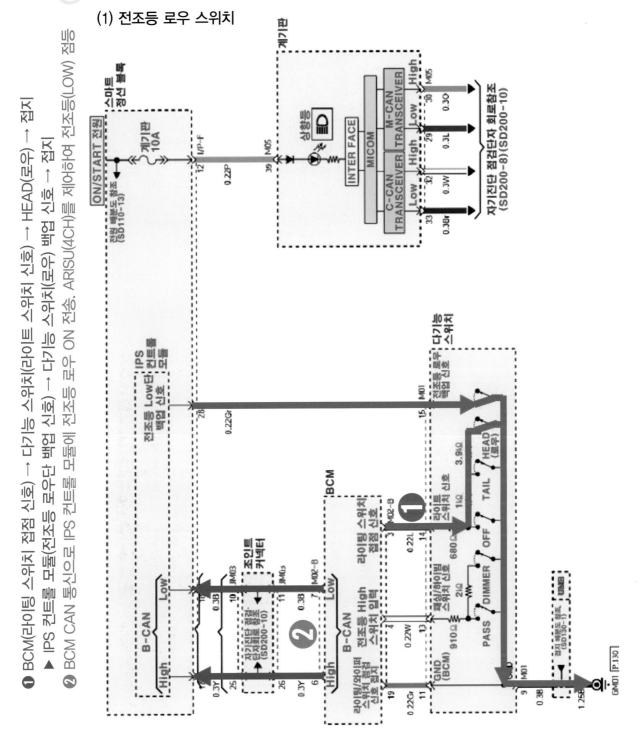

- **①** BCM(라이팅 스위치 점검 신호) → 다기능 스위치(라이트 스위치 신호) → HEAD(로우) → 점지
- **▲** IPS 컨트롤 모듈(전조등 로우단 백엄 신호) → 다기능 스위치(로우) 백엄 신호 → 점지
- **②** BCM CAN 통신으로 IPS 컨트롤 모듈에 전조등 로우 ON 전송. ARISU(4CH)를 제어하여 전조등(LOW) 점등

③ 전조등 회로 경로(2/7)

(2) 전조등 하이 스위치

❶ BCM(전조등 High 스위치 입력) → 다기능 스위치(패싱/하이빔 스위치 신호 → DIMMER) → 접지

❷ BCM CAN 통신으로 IPS 컨트롤 모듈에 전조등 하이 ON신호 전송. ARISU(4CH)를 제어하여 전조등(High) 점등

❸ 계기판 마이크로 컴퓨터에서 전조등 High 상태를 캔 통신으로 받아 계기판 상향등 접지 제어

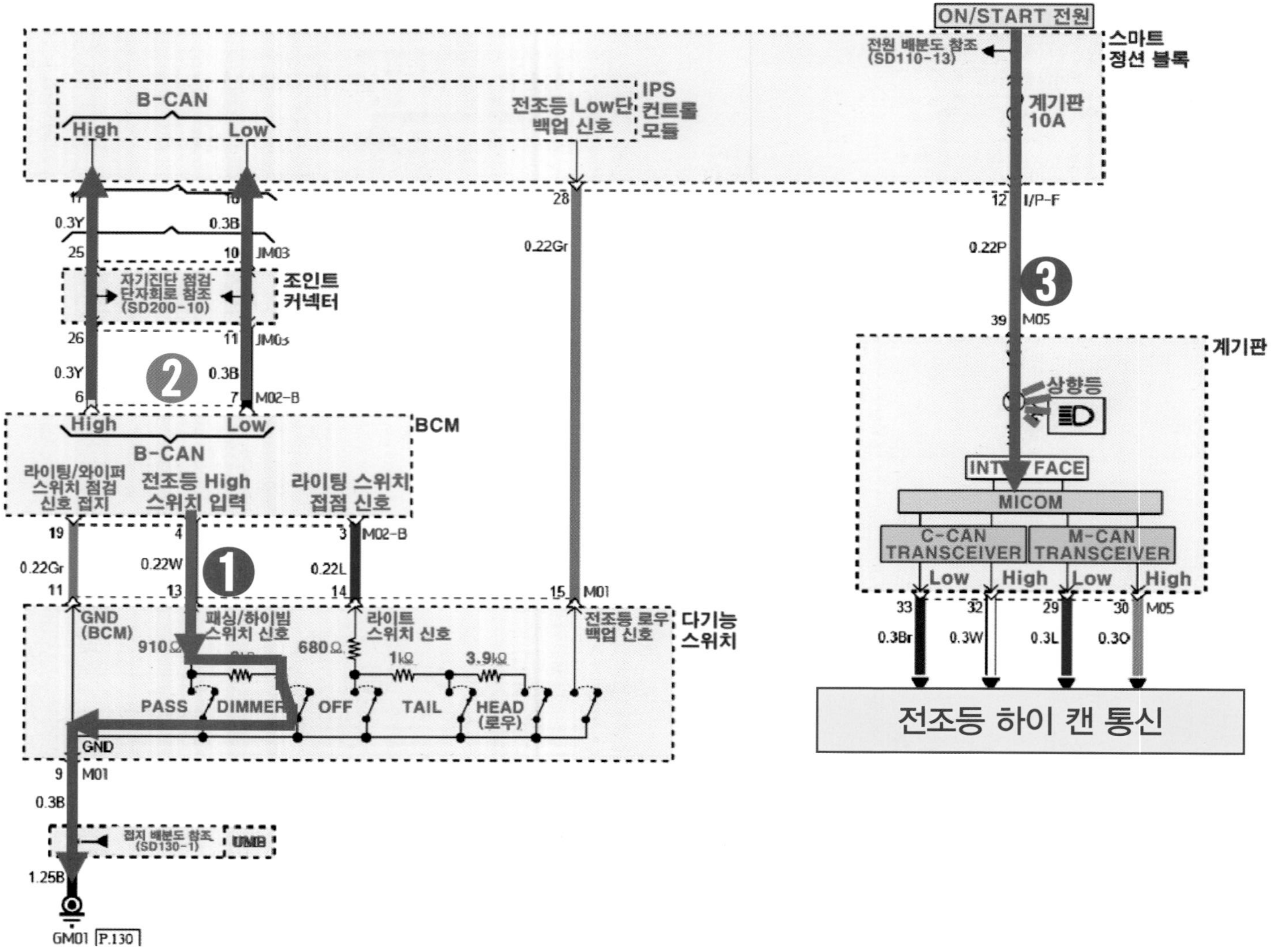

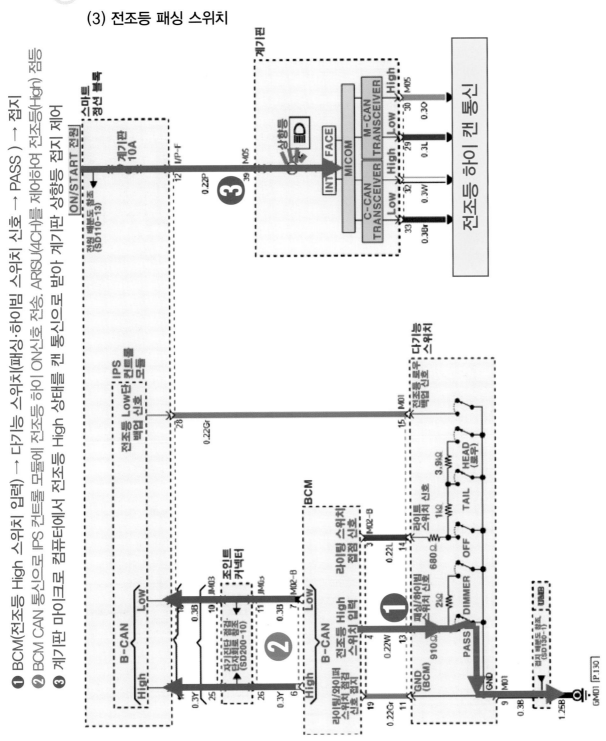

(3) 전조등 패싱 스위치

❶ BCM(전조등 High 스위치 입력) → 다기능 스위치(패싱·하이빔 스위치)신호 → PASS) → 검지

❷ BCM CAN 통신으로 IPS 컨트롤 모듈에 전조등 하이 ON신호 전송. ARISU(4CH)를 제어하여 전조등(High) 점등

❸ 계기판 마이크로 컴퓨터에서 전조등 High 상태를 캔 통신으로 받아 계기판 상향등 검지 제어

(4) 전조등 LOW 점등 (LED 바이펑션 헤드램프 미적용)

➊ 상시 전원 → B+2 60A 퓨즈 → ARISU(4CH) ➋ ARISU(4CH) → 전조등 LH(LED) → 점지
➌ LOW TELL-TALE → 로우빔 델레이 스위치(LH,RH)(회로의 작동 상태(고장)를 IPS 컨트롤 모듈로 전송)

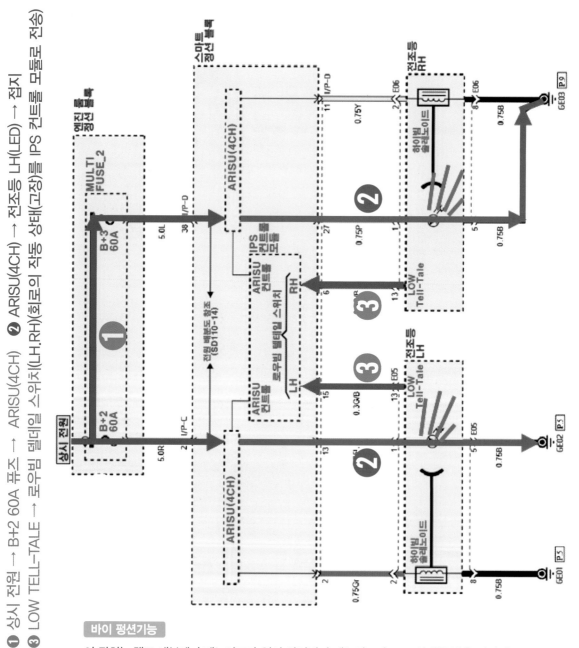

바이 펑션기능

이 장치는 램프 내부에 솔레노이드가 있어 하이빔 솔레노이드가 조도 상태를 빛을 가리면 LOW,
가리지 않으면 HIGH로 제어한다.

(5) 전조등 HIGH 점등(LED 바이펑션 헤드 램프 미적용)

① 상시 전원 → B+2 60A 퓨즈 → ARISU(4CH)

② ARISU(4CH) → 전조등 LH(LED) → 접지 · ARISU(4CH) → 전조등 하이빔 솔레노이드 → 접지

③ LOW TELL-TALE → 로우빔 델레일 스위치(LH, RH)(회로의 작동 상태(고장)를 IPS 컨트롤 모듈로 전송)

(6) 전조등 LOW 점등 (바이펑션 헤드램프 적용)

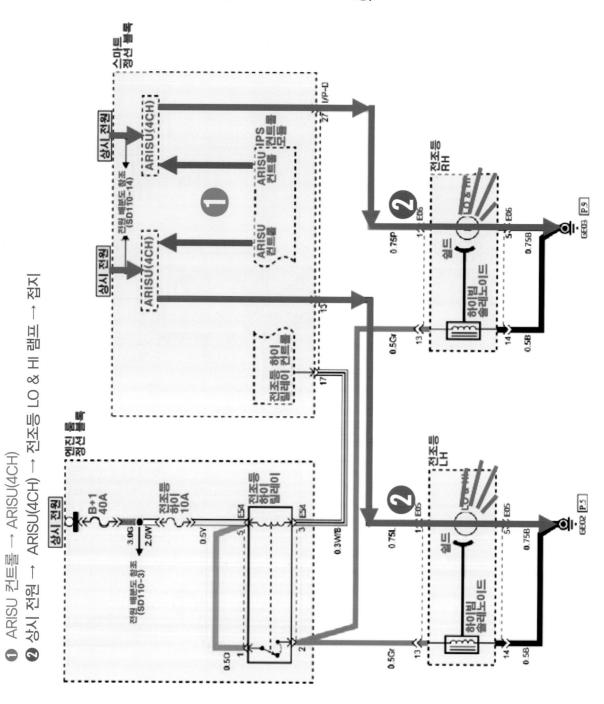

❶ ARISU 컨트롤 → ARISU(4CH)
❷ 상시 전원 → ARISU(4CH) → 전조등 LO & HI 램프 → 접지

③ 전조등 회로 경로(7/7)

(7) 전조등 HIGH 점등 (바이펑션 헤드 램프 적용)

❶ 전조등 로우 램프 점등(켜지는 전조등 LOW 경로 참조)

❷ IPS 전조등 하이 릴레이 컨트롤: 상시 전원 → B+1 40A 퓨즈 → 전조등 하이 10A 퓨즈 → 전조등 하이 릴레이 → 전조등 하이 릴레이 컨트롤(컨트롤 제어)

❸ 상시 전원 → B+1 40A 퓨즈 → 전조등 하이 10A 퓨즈 → 릴레이 포인트 → 하이빔 솔레노이드 → 접지

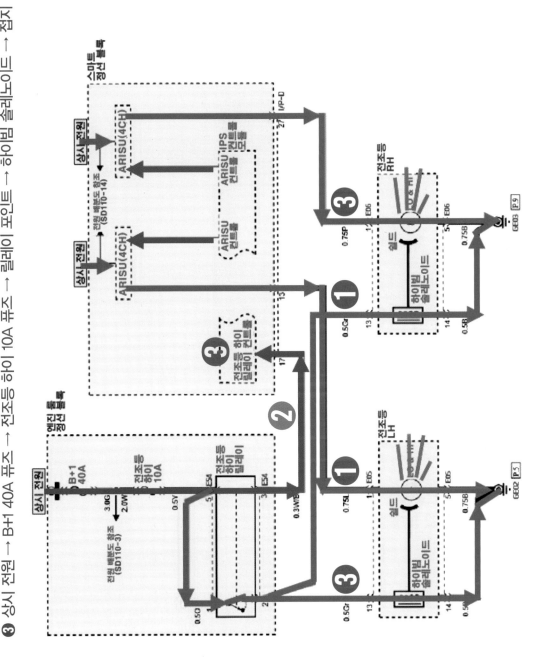

(1) 다기능 스위치 LOW로 작동하면서 B, C, E지점에서 각각 전압을 점검하였을 때 전압값은?

(2) 다기능 스위치 HIGH로 작동하면서 A, D, E지점에서 각각 전압을 점검하였을 때 전압값은?

(3) 다기능 스위치 PASS로 작동하면서 A, E지점에서 각각 전압을 점검하였을 때 전압값은?

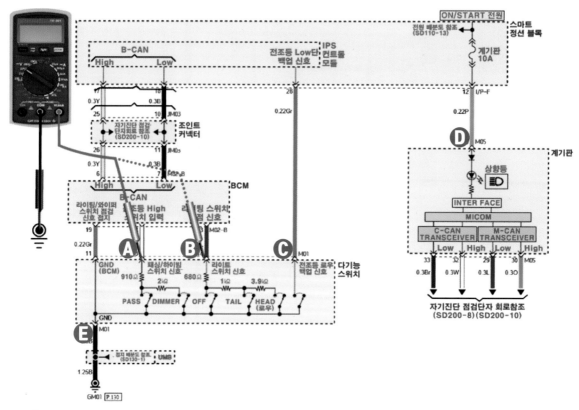

⚙ 정상값 및 불량할 때 정비 방법

점검 요소		정상값	불량할 때 정비 방법
LOW	A	2.42V	● A, B, C지점에서 스위치를 ON시켰을 때 4V 이상 나오면 측정 지점에서 접지까지 단선이므로 스위치 고장, 접지 연결 상태 불량, 커넥터 접촉 불량, 배선의 단선 등을 점검한다.
	C	0V	
	E	0V	
HIGH	A	3.72V	● D지점에서 0V 나오면 ON/START 전원에서 D지점까지 사이에 단선이므로 퓨즈, 커넥터 접촉상태 배선의 단선 등을 점검한다.
	D	12V	
	E	0V	● E지점에서 4V 이상 나오면 측정 지점에서 접지까지 사이에 단선이므로 커넥터 접촉상태, 배선의 단선, 접지 연결 상태 등을 점검한다.
PASS	A	2.38V	
	E	0V	

(4) 다기능 스위치 LOW로 작동하면서 B, C, F, G지점에서 각각 전압을 점검하였을 때 전압값은?

(5) 다기능 스위치 HIGH 작동하면서 A, D, E, H지점에서 각각 전압을 점검하였을 때 전압값은?

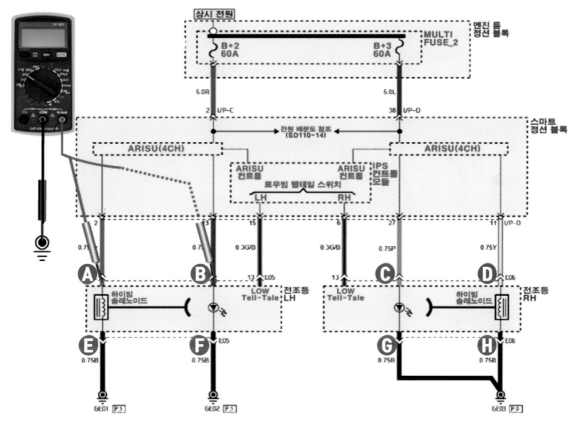

⚙ 정상값 및 불량할 때 정비 방법

점검 요소	정상값	불량할 때 정비 방법
A, B, C, D	12V	A, B, C, D지점 중 스위치를 ON시켰을 때 0V 나오면 스마트 정션 블록에서 측정 지점까지 사이에 단선이므로 커넥터 접촉 불량, 배선의 단선 등을 점검한다.
E, F, G, H	0V	● E, F, G, D지점에서 12V 나오면 측정 지점에서 접지까지 사이에 단선이므로 커넥터 접촉상태, 접지 연결 상태, 배선의 단선 등을 점검한다. ● E, F, G, D지점에서 0.2V 이상 나오면 측정 지점에서 접지까지 사이에 저항이 있으므로 접지의 접촉상태를 점검한다.

(6) 다기능 스위치 LOW로 작동하면서 B, C, F, G지점에서 각각 전압을 점검하였을 때 전압값은?

(7) 다기능 스위치 HIGH로 작동하면서 A, D, E, H지점에서 각각 전압을 점검하였을 때 전압값은?

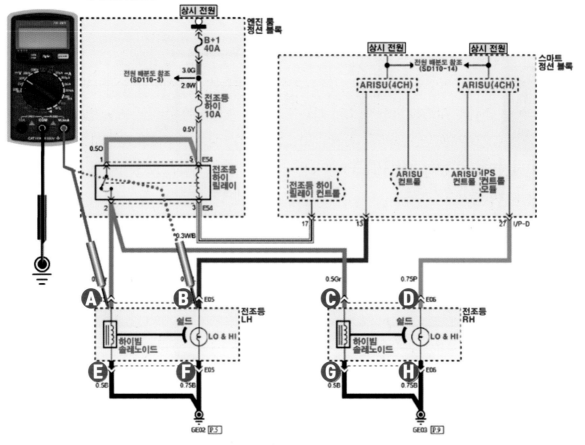

⚙ 정상값 및 불량할 때 정비 방법

점검 요소	정상값	불량할 때 정비 방법
A, B, C, D	12V	A, B, C, D지점 중 스위치를 ON 시켰을 때 0V 나오면 스마트 정선 블록에서 측정 지점까지 사이에 단선이므로 커넥터 접촉 불량, 배선의 단선 등을 점검한다.
E, F, G, H	0V	● E, F, G, D지점에서 12V 나오면 측정 지점에서 접지까지 사이에 단선이므로 커넥터 접촉상태, 접지 연결 상태, 배선의 단선 등을 점검한다. ● E, F, G, D지점 0.2V 이상 나오면 측정 지점에서 접지까지에 저항이 있으므로 접지의 접촉상태를 점검한다.

05. 오토 라이트 회로

① 오토 라이트 회로

오토 라이트를 작동하기 위해서는 이그니션 스위치를 ON 이상의 상태이어야 한다.

라이트 스위치 AUTO 모드는 오토 라이트 센서를 이용하여 주위의 조도 변화에 따라 운전자가 라이트 스위치를 조작하지 않아도 AUTO 모드에서 자동으로 미등 및 전조등을 ON시켜 주는 장치로 주행 중 터널 진출입 시, 비, 눈, 안개 등으로 주위 조도 변경 시 작동한다.

▶ **이 장치 사용 시 주의 사항은 아래와 같다.**

① 이 장치의 상단에 다른 장치를 추가하지 않도록 한다.

② 안개, 우천시 및 흐린 날씨에는 반드시 수동으로 전환하여 사용한다.

③ 실차 조도는 항상 일정하지 않기 때문에 기후, 계절 및 주위 환경에 따라 점등·소등되는 시간이 달라질 수 있다.

④ 이 장치의 작동은 일출과 일몰시에 제한적으로만 사용하며, 일반적인 램프 점등·소등 작동은 수동으로 조작한다.

⑤ 실내 조도에 변화를 줄 수 있는 광 차단 코팅을 할 경우 오작동 할 수 있다.

(1) 딤머 · 패싱 스위치: LOW

오토 라이트 작동 조건에서 딤머·패싱 스위치를 LOW 위치에 놓으면 BCM에서 신호를 입력 받아 IPS 컨트롤 모듈에 CAN 통신으로 송신하고, IPS 컨트롤 모듈은 다시 ARISU 1, 2를 제어하여 전조등LOW를 점등시킨다.

제어 상태의 결과와 진단 결과는 CAN 통신을 통해 BCM으로 보내진다.

(2) 딤머·패싱 스위치: HIGH

오토 라이트 작동 조건에서 딤머·패싱 스위치를 HIGH 위치에 놓으면 BCM에서 신호를 입력 받아 계기판 및 IPS 컨트롤 모듈에 CAN 통신으로 송신한다.

이때 계기판의 MCU는 상향 표시등은 점등시키고, IPS 컨트롤 모듈은 다시 ARISU 1, 2를 제어하여 전조등HIGH을 점등시킨다. 제어 상태의 결과와 진단 결과는 CAN 통신을 통해 BCM으로 보내진다.

(3) 딤머·패싱 스위치: PASS

라이트 스위치의 HEAD 위치와 관계없이 항상 작동시킬 수 있다. 딤머·패싱 스위치를 운전자 방향으로 2~3회 정도 당겨 올려 타 차량의 주의를 환기시킬 때 사용하며 계기판의 상향 표시등 및 전조등(HIGH)이 점등된다.

(4) Hardware 보호 기능

실내 정션 박스는 IPS 컨트롤 모듈 Dead 상태(외부로부터의 물리적, 전기적 충격으로 인한 동작 불능 상태)시 라이트 스위치 상태를 확인하여 이그니션 스위치가 ON이고, 라이트 스위치(로우)가 ON이면 전조등LOW을 강제로 점등하여 운전자의 안전을 확보한다.

(5) 제어 기능 – CAN 페일

실내 정션 박스는 CAN 페일시 이그니션 스위치가 ON이면 전조등LOW을 강제 점등한다.

② 다기능 스위치 점검

다기능 스위치의 각 위치에서 아래 단자의 도통 상태를 확인한다.
도통 상태가 바르지 않으면 다기능 스위치를 교환한다.

● 라이트 스위치 점검

위치 ＼ 단자	1	2	4	3
OFF				
TAIL	●———————●			
H/LAMP	●———————●———————●			
AUTO	●———————————————————————●			

● 섬머·패싱 스위치 점검

위치 ＼ 단자	10	8	9	2
HU	●———————————————●			
HL	●———————●			
PASS	●		●———————●	

오토 라이트 센서

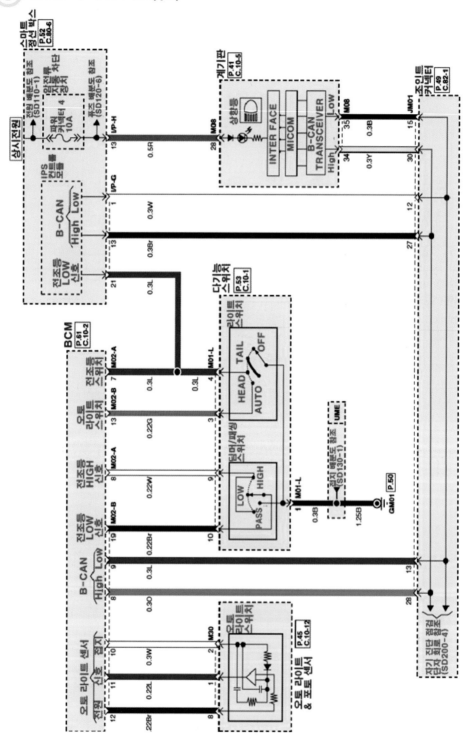

3 오토 라이트 회로(2/2)

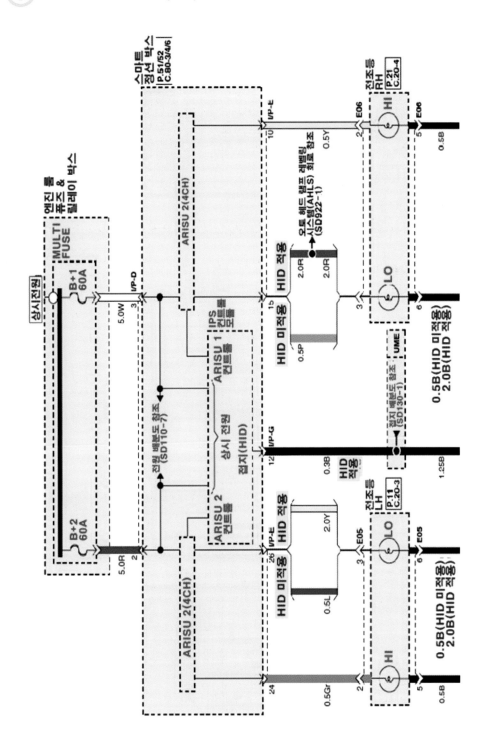

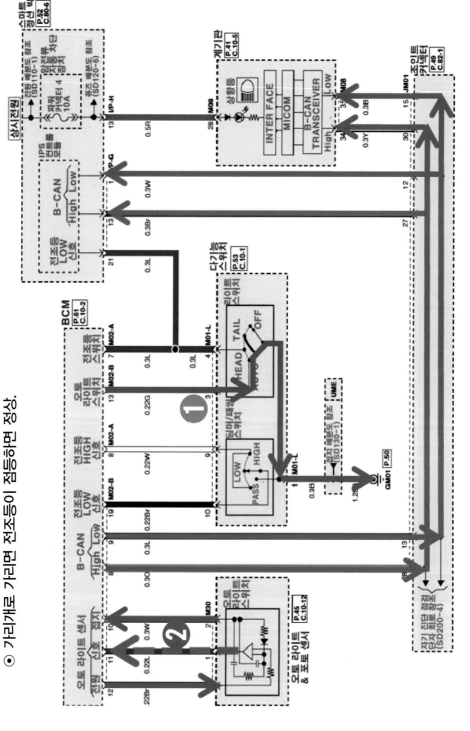

① 딤머 패싱 스위치 AUTO 위치 및 받을 때: BCM(오토 라이트 스위치) → 라이트 스위치(AUTO) → 점지

② 오토 라이트 작동시(라이트 스위치 AUTO. 딤머·패싱 스위치 LOW에서 오토 라이트 센서 신호를 받을 때
 · BCM(전조등 LOW 신호) → 딤머·패싱 스위치(LOW) → 점지
 · BCM(B-CAN LOW 신호) → IPS 컨트롤 모듈로 B-CAN으로 송신
 ⊙ 다기능 스위치 오토에 놓고, 오토 라이트 센서 가리개로 가리고 측정한다.
 ⊙ 가리개로 가리면 전조등이 점등하면 정상.

④ 오토 라이트 회로 경로(2/2)

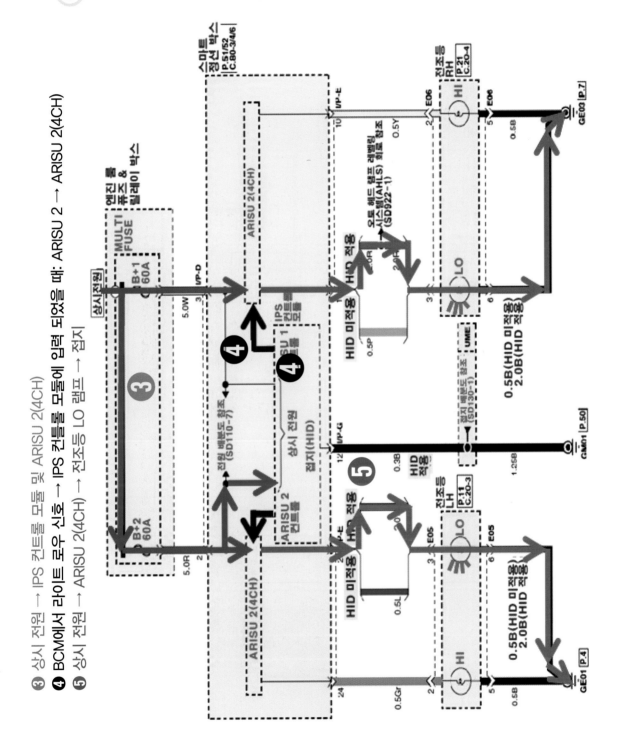

❸ 상시 전원 → IPS 컨트롤 모듈 및 ARISU 2(4CH)

❹ BCM에서 라이트 로우 신호 → IPS 컨트롤 모듈에 입력 되었을 때: ARISU 2 → ARISU 2(4CH)

❺ 상시 전원 → ARISU 2(4CH) → 전조등 LO 램프 → 접지

⑤ 오토 라이트 회로 점검

(1) 다기능 스위치(라이트 스위치: AUTO)에 놓고 오토 라이트 센서를 가리개로 가리고
A지점에서 전압을 점검하였을 때 전압값은?

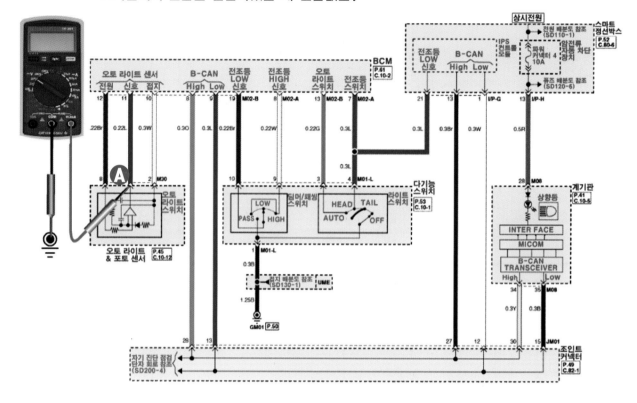

⚙ 정상값 및 불량할 때 정비 방법

점검 요소	정상값	불량할 때 정비 방법
A	1.5 ~ 4.0V	오토 라이트 센서는 어둡기에 따라 전압이 검출되며, 어둡기에 따라서 1.5 ~ 4.0V 나오면 센서 양호, 전압이 불량하면 센서를 교환한다.

오토 라이트 센서

(2) 다기능 스위치(라이트 스위치: AUTO)에 놓고 A, B 지점에서 전압을 점검하였을
때 전압값은? "단" 전압계 (−) 프로브는 접지시키고 측정)

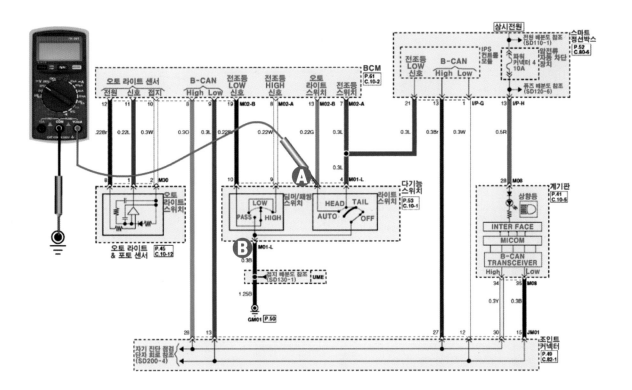

⚙ 정상값 및 불량할 때 정비 방법

점검 요소	정상값	불량할 때 정비 방법
A, B	0V	● BCM. IPS는 풀업방식 제어로 5V(4V) → 0V로 바뀔 때 스위치 ON 상태 판단. ● A, B지점에서 4V 이상 나오면 측정 지점에서 접지까지 사이에 단선이므로, 스위치 불량, 배선의 단선, 커넥터 접촉 상태, 접지 연결 상태 등을 점검한다.

(3) 다기능 스위치 전조등^{HEAD}에서 딤머·패싱 스위치 LOW. HIGH로 작동하면서 A, B, C, D, E, F지점에서 각각 전압을 점검하였을 때 전압값은? "단" 전압계 (−) 프로브는 접지시키고 측정.

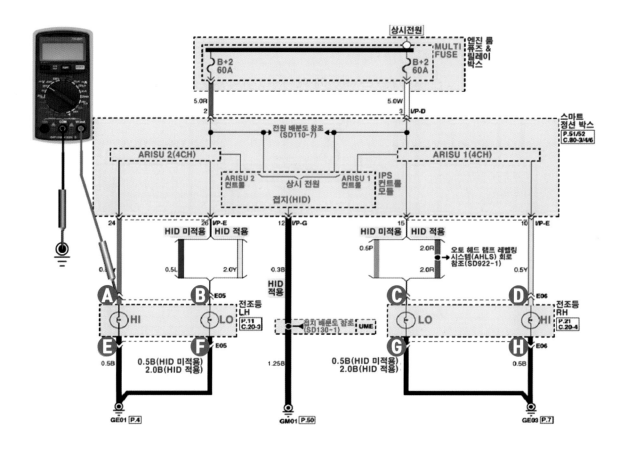

⚙️ 정상값 및 불량할 때 정비 방법

점검 요소	정상값	불량할 때 정비 방법
A, B, C, D	12V	A, B, C, D에서 OV가 나오면 상시 전원에서 측정 지점까지 사이에 단선이므로, 멀티 퓨즈 단선, IPS 컨트롤 모듈 고장, 배선 커넥터 접촉 상태, 배선의 단선 등을 점검한다.
E, F, G.H	0V	● E, F, G, H에서 12V가 나오면 측정 지점에서 접지까지 사이에 단선이므로 접지부 연결 상태, 배선의 단선 등을 점검한다. ● E, F, G, H에서 0.2V 이상 나오면 측정 지점에서 접지까지 사이에 저항이 있으므로 접지의 연결 상태 등을 점검한다.

06. 오토 라이트 회로 (아반떼 AD 2019년식)

① 오토 라이트 회로(1/4)

※ 회로 4/2, 4/3, 4/4 회로는 아반떼 AD 전조등 회로 1/3, 2/3, 3/3을 참조한다.

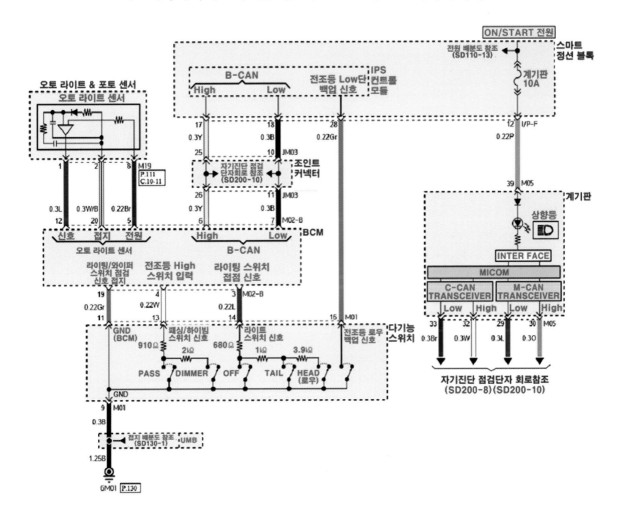

※ 회로 4/2, 4/3, 4/4 회로는 아반떼 AD 전조등 회로 1/3, 2/3, 3/3을 참조한다.

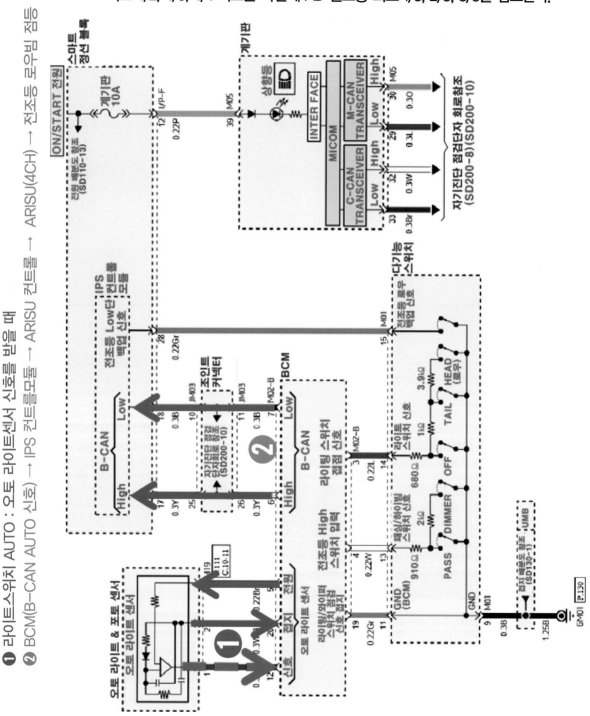

❶ 라이트스위치 AUTO : 오토 라이트센서 신호를 받을 때

❷ BCM(B-CAN AUTO 신호) → IPS 컨트롤모듈 → ARISU 컨트롤 → ARISU(4CH) → 전조등 로우빔 점등

68

② 오토 라이트 회로(1/4)

※ 회로 4/2, 4/3, 4/4 회로는 아반떼 AD 전조등 회로 1/3, 2/3, 3/3을 참조한다.

(1) 다기능 스위치 전조등^AUTO에서 라이트 스위치를 LOW에 하고 오토 라이트 센서를 가리개로 가리고 A지점에서 전압을 점검하였을 때 전압값은?

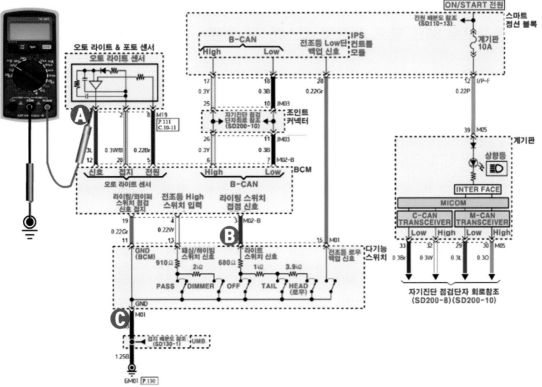

⚙ 정상값 및 불량할 때 정비 방법

점검 요소	정상값	불량할 때 정비 방법
A	1.5 ~ 4.0V	오토 라이트 센서는 어둡기에 따라 전압이 검출되며, 어둡기에 따라서 1.5 ~ 4.0V가 나오면 센서 양호, 전압이 불량하면 센서를 교환한다.

⚙ 오토 라이트 센서 제원

항목		규정값
정격 전압		DC 5V
동작 전류		Max 1mA 이하(전조등 점등시)
조도(Lux)	50	1.42 ± 0.31V
	100	2.63 ± 0.58V
	150	3.84 ± 0.84V

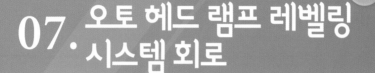

07. 오토 헤드 램프 레벨링 시스템 회로

① 오토 헤드 램프 레벨링 시스템^{AHLS} 회로

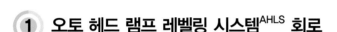

오토 전조등 높낮이 조절 유닛은 IG1 전원을 받으며 전조등 LOW 신호를 입력 받아 작동한다. 차량의 주행 환경과 적재 상태에 따라 전조등의 조사 방향(위·아래)을 자동으로 조절하여 운전자의 가시거리를 확보하고 상대방 운전자의 눈부심을 방지하여 운행상의 안전성 향상을 목적으로 한다.

여러 명의 승객이 승·하차 한다든지, 화물을 적재하여 차량의 자세가 세팅 위치에서 벗어났을 때 전조등의 조사 각도를 자동으로 조정하여 정상 상태로 한다.

차량 뒤측 서스펜션 부위에 전조등 높낮이 컨트롤 모듈을 부착하여 차량의 정적인 변화에 따른 신호에 대해 전조등에 부착된 액추에이터를 일정 신호로 구동하여 차체의 변화에 대해서 보상이 이루어진다.

(1) 하이트 센서

오토 전조등 높낮이 조절 모듈과 일체형이며 차량 하중의 변화를 차량의 높이 변화로 측정하여 오토 전조등 높낮이 조절 모듈로 전달한다.

로터·스테이터와 PCB 코일, 센서 레버로 구성되어 있으며 로터의 회전에 의해서 형성되는 스테이터부의 자기장을 측정하여 레버의 움직임 각도를 인식한다.

(2) 차속 신호

오토 전조등 높낮이 조절 모듈은 액추에이터 보정을 위한 보상 팩터로서 차속을 쓴다. 다시 말해서 차속이 느리면 보정 반응 시간은 느려지며, 차속이 빨라지면 보정 반응 시간도 빨라진다.

(3) 바디 K-라인

오토 전조등 높낮이 조절 모듈은 자기 진단시 바디 K-라인을 통하여 고장 코드를 표출한다.

(4) 동작 순서

① 차량의 부하 변화에 따른 서스펜션 각도 변화

② 전조등 높낮이 컨트롤 모듈의 각도 변화

③ 전조등 높낮이 컨트롤 모듈은 필요한 전조등의 각도 변화 요구량 계산

④ 적절한 신호를 전조등 높낮이 조절 액추에이터에 전달 및 구동

(5) 동작 조건

① 이그니션 스위치가 ON이고 전조등 하향등의 스위치가 ON일 경우

② **정차 중:** 센서 레버가 2° 이상 변화하고, 최대 1.5초 후 전조등 보정

③ **주행 중:** 차량 속도가 4km/h 이상이고 차속 변화가 초당 0.8~1.6km/h 이상 속도의 변화가 없고 로드 조건에 변화가 있을 시에 보정한다.

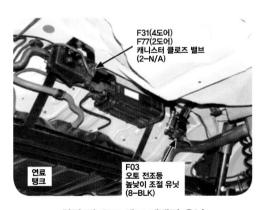

차량 뒤 오토 헤드 레벨링 유닛

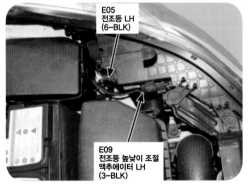

전조등 높낮이 조절 액추에이터

② 오토 헤드 램프 레벨링 유닛

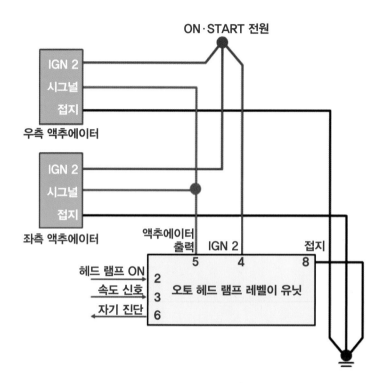

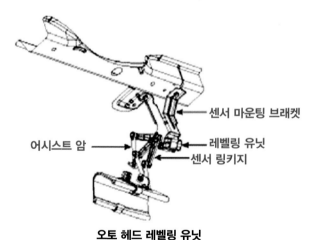

오토 헤드 레벨링 유닛

③ 오토 헤드 램프 레벨링 시스템^{AHLS} 회로

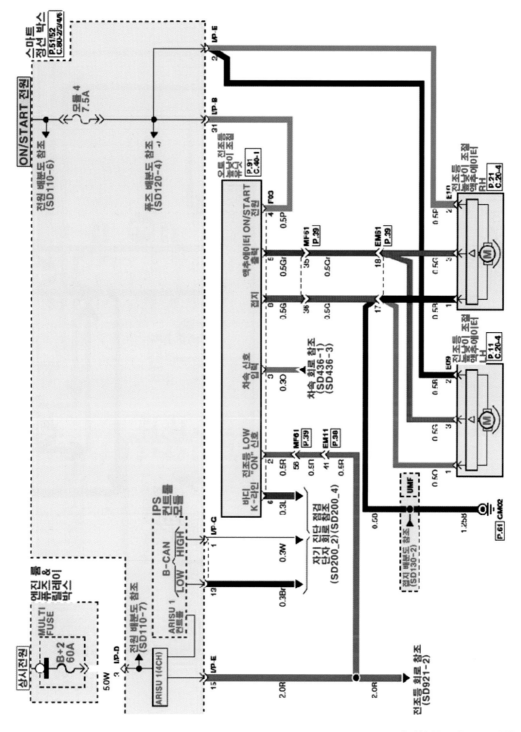

❶ 높낮이 조절 유닛 입력 → 전조등 신호, 차속 신호, ON·START 전원 및 신호 오토 전조등 높낮이 조절 유닛 입력

❷ 높낮이 조절 액추에이터 입력 → IG ON 전원

❸ 차량의 정적 변화: 조절 높낮이 액추에이터 출력 신호 → 전조등 높낮이 출력 액추에이터

❹ 전조등 높낮이 조절 액추에이터(ON 스타트 전원 → 모터) → 정지

⑤ 오토 헤드 램프 레벨링 시스템^{AHLS} 점검

(1)이그니션 스위치 ON 및 전조등 하향등 점등시키고 센서2 레버를 2도 이상 변화 시키면서 아래 A, B, C, D, E, F 지점에서 전압을 점검한다. "단" 전압계 (-)프로브는 접지시키고 측정)

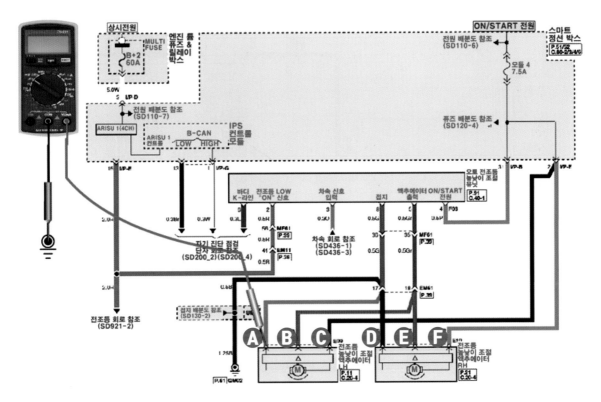

⚙ 정상값 및 불량할 때 정비 방법

점검 요소	정상값	불량할 때 정비 방법
A, D	0V	● A, D에서 0.2V 이상 나오면 A, D 지점에서 접지부 사이 저항이 있으므로 접지 연결 상태 등을 점검한다. ● A, D에서 12V 나오면 A, D에서 접지부 사이 단선이므로 배선의 단선, 접지 연결 상태 등을 점검한다.
B, E	12V	B, E에서 전압이 검출되지 않는다면 오토 전조등 높낮이 조절 유닛 불량 혹은 액추에이더 출력에서 B, E지점 사이에서 단선이므로 커넥터 접촉 상태, 배선의 단선등을 점검한다.
C, F	12V	C, F에서 전압이 나오지 않으면 모듈4 15A 퓨즈 단선 및 ON·START 전원에서 C, F지점까지 배선의 단선, 커넥터 접촉 불량 등을 점검한다.

08. 방향 지시등 회로

① 방향 지시등 회로(1/2)

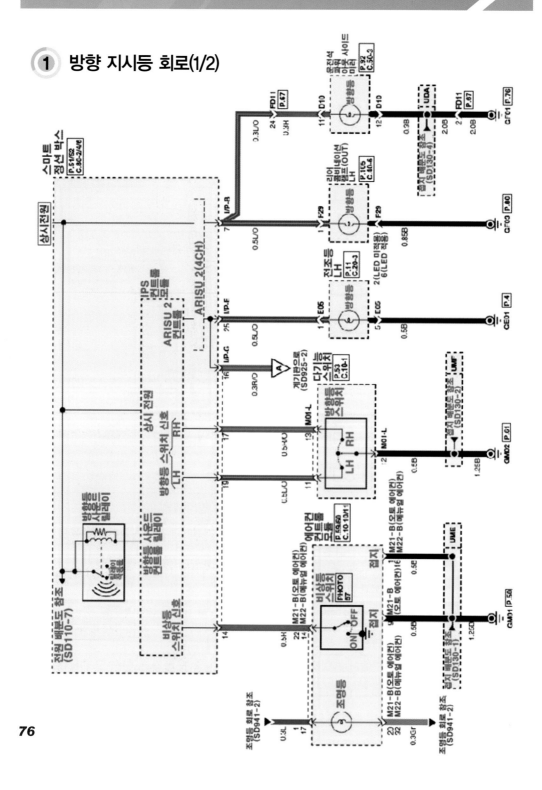

2 방향 지시등 회로(2/2)

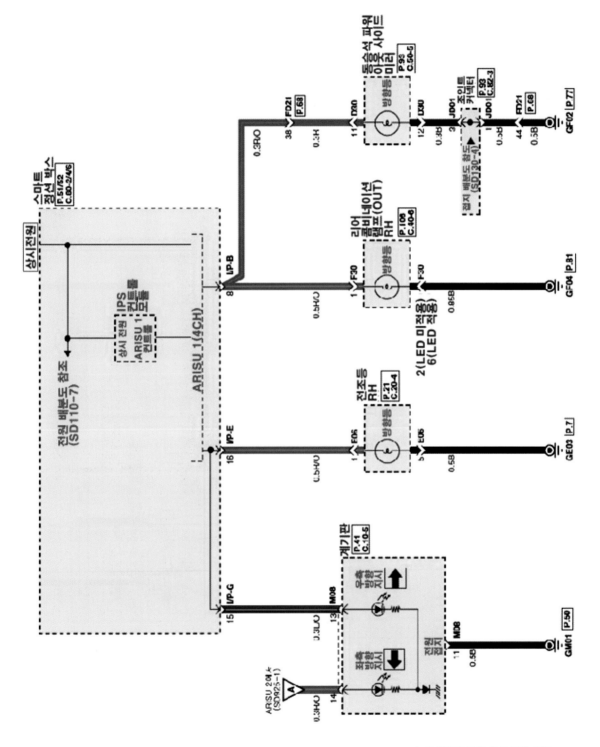

③ 방향 지시등 회로 경로(1/2)

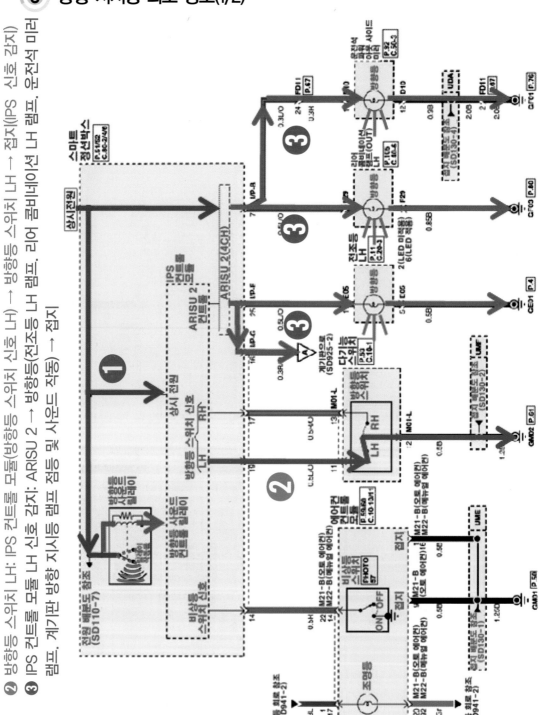

❶ 상시 전원 → IPS 컨트롤 모듈 및 방향등 사운드 릴레이

❷ 방향등 스위치 LH: IPS 컨트롤 모듈(방향등 스위치 신호 LH) → 방향등 스위치 LH → 감지(IPS 신호 감지)

❸ IPS 컨트롤 모듈 LH 신호 감지: ARISU 2 → 방향등(전조등 LH 램프, 리어 콤비네이션 LH 램프, 운전석 미러 램프, 개기판 방향 지시등 램프 점등 및 사운드 작동) → 감지

78

③ 방향 지시등 회로 경로(2/2)

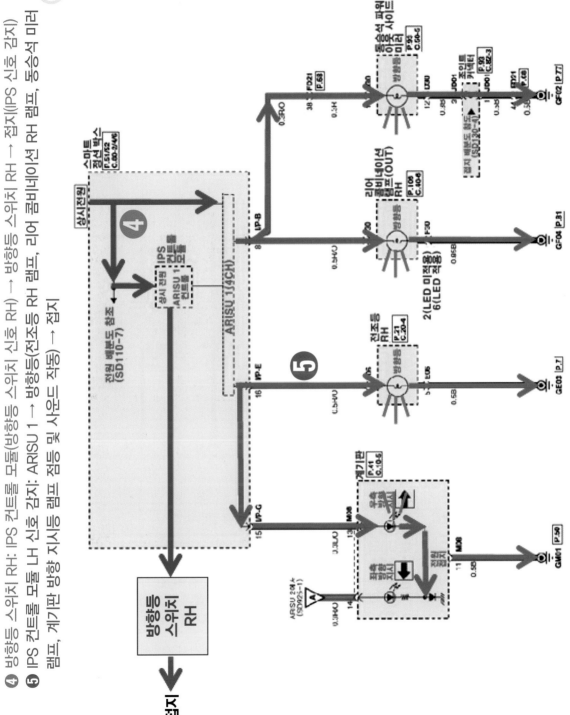

④ 방향등 스위치 RH: IPS 컨트롤 모듈(방향등 스위치 신호 RH) → 방향등 스위치 RH → 접지(IPS 신호 감지)

⑤ IPS 컨트롤 모듈 LH 신호 감지: ARISU 1 → 방향등(전조등 RH 램프, 리어 콤비네이션 RH 램프, 동승석 미러 램프, 계기판 방향 지시등 램프 점등 및 사운드 작동) → 접지

④ 방향 지시등 회로 점검

(1) 방향지시등 스위치 LH ON 및 비상등 스위치를 ON 하였을 때 A, B, C, D, E, F, G, H, I, J 지점에서 각각의 전압은? "단" 전압계 (−)프로브는 접지시키고 측정한다.

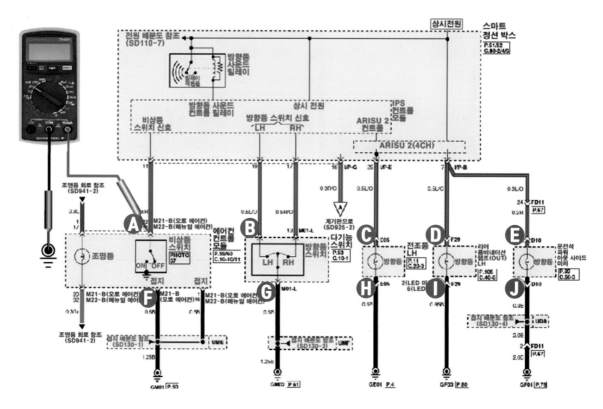

⚙ 정상값 및 불량할 때 정비 방법

점검 요소	정상값	불량할 때 정비 방법
A, B, F, G	0V	● BCM, IPS는 풀업 방식 제어로 12V → 0V로 바뀔 때 스위치 ON 상태 판단. ● A, B, F, G 지점의 전압이 12V이면 A, B, F, G 지점부터 접지까지 단선 되었으므로 스위치, 접지 연결 상태, 배선의 단선 등을 점검한다. ● 0.2V 이상 나오면 측정 지점부터 접지까지에 저항이 있다.
C, D, E	12V	C, D, E 지점에서 전압이 나오지 않으면 상시 전원에서 C, D, E 지점까지 단선 되었으므로 배선의 단선, 커넥터 접촉 상태 등을 점검한다.
H, I, J	0V	H, I, J 지점에서 12V가 나오면 H, I, J 지점에서 접지까지에 단선, 0.2V 이상 나오면 측정 지점부터 접지까지 저항이 있다.

(2) 방향지시등 스위치 RH ON하고 A, B, C, D, E, F, G, H 지점에서 전압을 측정하
였을 때 각각의 정상 전압은? "단" 전압계 (-)프로브는 접지시키고 측정한다.

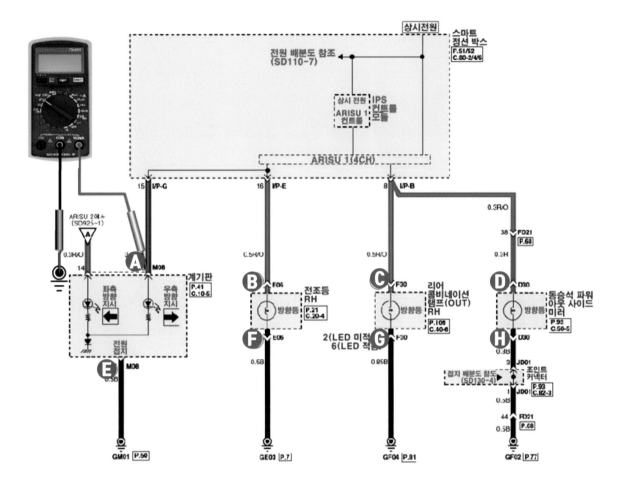

🔧 정상값 및 불량할 때 정비 방법

점검 요소	정상값	불량할 때 정비 방법
A, B, C, D	12V	A, B, C. D 지점에서 전압이 나오지 않으면 상시 전원에서 A, B, C, D 지점까지 단선 되었으므로. 배선의 단선. 커넥터 접촉 상태 등을 점검한다.
E, F, G, H	0V	● E, F, G, H 지점에서 12V 나오면 E, F, G, H 지점에서 접지까지 단선. ● 0.2V 이상 나오면 측정 지점부터 접지까지에 저항이 있다.

09. 후진등 회로

① 후진등 회로

변속 레버를 R(후진)의 위치에 넣음과 동시에 점등되며, 자동차가 후진하는 것을 표시하며 후방을 조명하는 램프이다.

안전기준에서는 너무 눈부시지 않도록 밝기를 위쪽에서는 80cd 이상 600cd 이하이고, 아래쪽에서는 80cd 이상 5,000cd(칸델라)이하로서 후방 75m 이상을 비추지 않도록 정해져 있다.

자동변속기는 이그니션 스위치 IG1 상태에서 브레이크 페달을 밟고 변속 레버를 작동시켜야 한다. 수동변속기는 클러치를 완전히 밟은 상태에서 변속해야 한다.

후진 시에는 반드시 차량이 완전히 정지한 후 변속 레버를 R(후진)의 위치로 변속해야 하며, 차량이 움직이는 상태에서 R(후진)의 위치로 변속하는 경우, 예기치 못한 위험이 초래될 수 있으니 반드시 정차 후 사용해야 한다.

② 부품 별 후진등 신호 역할

(1) 실내 감광 미러

① 후진시 주위 환경에 관계없이 밝아진다.

② 후방 디스플레이 룸미러 장착시 차량 후방 상태를 보여준다.

(2) A·V & 내비게이션 해드 유닛: 후진시 차량 후방 상태를 보여준다.

(3) BCM: 차량 측면 및 후방 시야 사각지대의 장애물을 감지하여 운전자에게 경고하여 주는 운전 보조의 역할을 한다.

(4) PCM: 인히비터 스위치의 상태를 파악하여 최적의 제어 명령을 판단하여 출력한다.

③ 후진등 회로

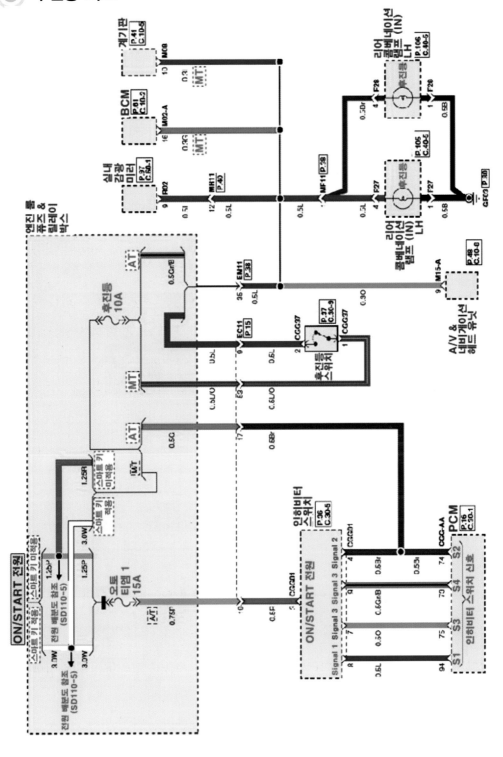

④ 후진등 회로 경로(1/2)

❶ 스마트 키 적용 및 MT 차량 후진: ON·START 전원 → 후진등 퓨즈 10A → 후진등 퓨즈 10A → 후진등 스위치 → 실내 감광 미러, BCM, 계기판, A·V & 내비게이션 헤드 유닛, 리어 콤비네이션 후진등 램프 → 점지

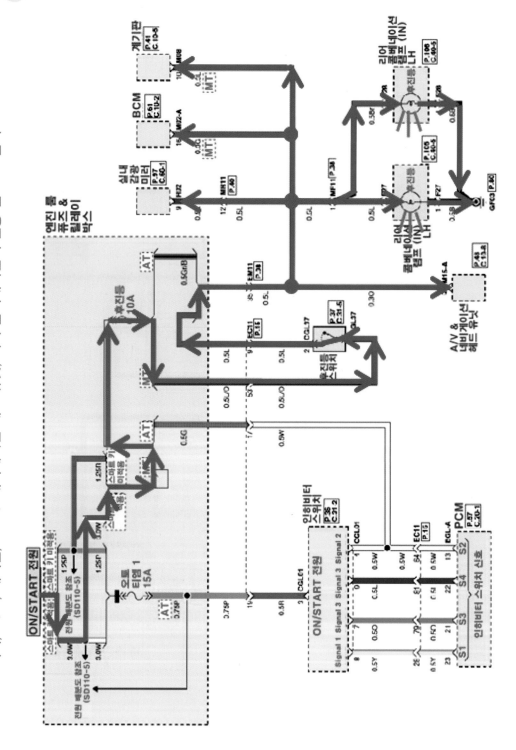

④ 후진등 회로 경로(2/2)

❷ 스마트 키 작동 및 AT 차량 후진: ON·START 전원 → 오토테엠 퓨즈 15A → 인히비터 스위치 → PCM 및 후진등 10A → 실내 감광 미러. BCM. 계기판. A/V & 네비 게이션 헤드 유닛. 리어 콤비네이션 후진등 램프 → 접지)

⑤ 후진등 회로 점검

(1) 이그니션 스위치 IG_1 상태에서 브레이크 페달을 밟고 변속 레버를 후진에 놓고 A, B, C, D, E, F, G, H, I 각 지점에서 전압을 측정하였을 때 검출되는 전압은? "단" 전압계 (−)프로브는 접지시키고 측정(스마트 키 적용 및 AT 차량)

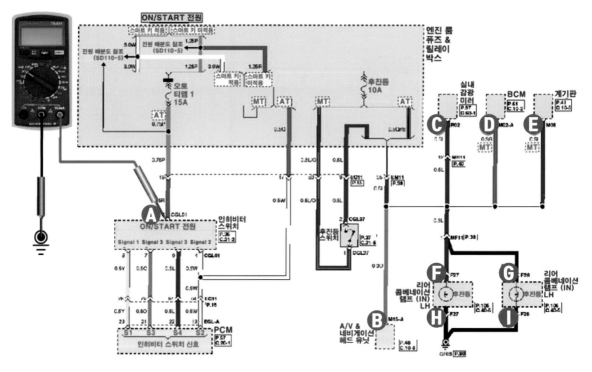

⚙ 정상값 및 불량할 때 정비 방법

점검 요소	정상값	불량할 때 정비 방법
A	12V	A 지점에서 전압이 나오지 않으면 상시 전원에서 A 지점 사이에서 단선 되었으므로 퓨즈, 커넥터 접촉 상태, 배선의 단선 등을 점검한다.
B, C, D E, F, G	12V	B, C, D, E, F, G 지점에서 전압이 검출되지 않으면 인비비터 스위치부터 측정 지점까지 단선 되었으므로 인히비터 스위치, 후진등 퓨즈, 커넥터 접촉 상태, 배선의 단선 등을 점검한다.
H, I	0V	● H, I 지점에서 12V 나오면 측정 지점부터 접지까지 단선 되었으므로 접지 연결 상태, 배선의 단선 등을 점검한다. ● 0.2V 이상 나오면 측정 지점부터 접지까지 사이에 저항이 있으므로 접지 연결 상태 점검한다.

10. 전방 안개등 회로

① 방전방 안개등 회로(1/2)

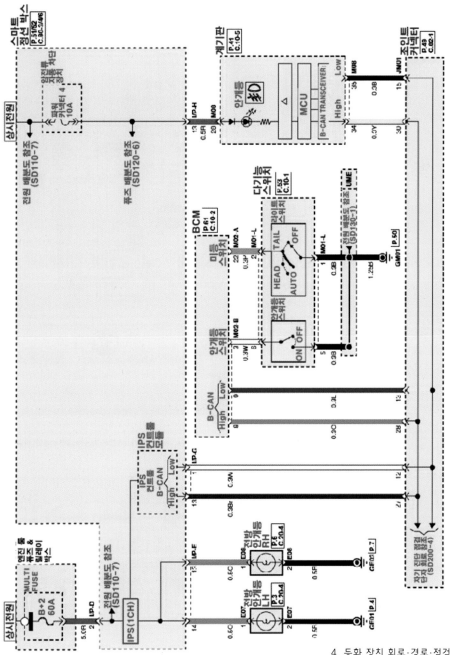

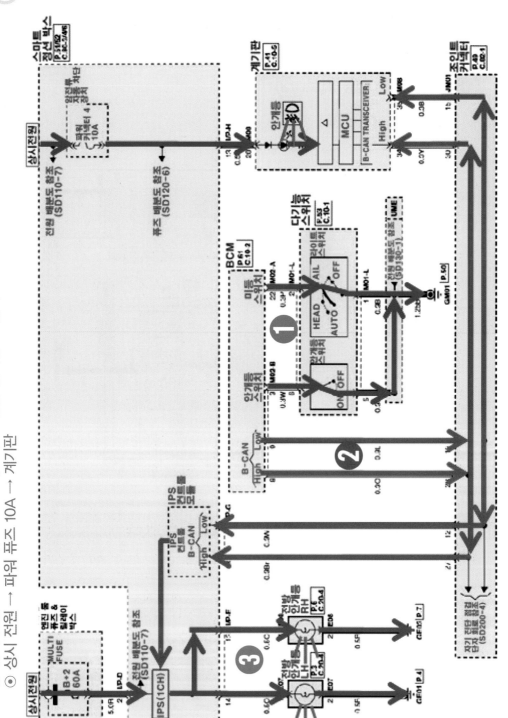

❶ 다기능 스위치(안개등 스위치 및 라이트 스위치 ON): BCM → 라이트 스위치 및 안개등 스위치 → 접지
❷ BCM(B_CAN 통신) → 계기판 및 IPS 컨트롤 모듈로 안개등 스위치 ON 신호 입력
❸ 상시 전원 → B+2 퓨즈 → IP S(1CH) → 전방 안개등 → 접지
◉ 상시 전원 → 파워 퓨즈 10A → 계기판

③ 전방 안개등 회로 경로

(1) 다기능 스위치 미등^{TAIL} 및 안개등 스위치를 ON 하였을 때 A, B, C, D 지점에 걸리는 각각의 전압은? "단" 전압계 (−)프로브는 접지시키고 측정한다.

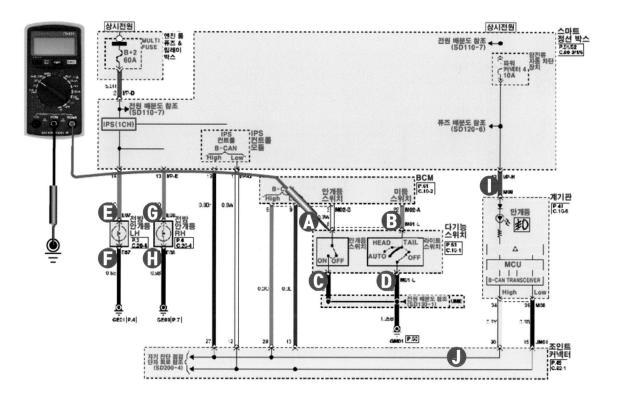

⚙ 정상값 및 불량할 때 정비 방법

점검 요소	정상값	불량할 때 정비 방법
A, B, C, D	0V	● BCM, IPS는 풀업 방식 제어로 12V → 0V로 바뀔 때 스위치 ON 상태 판단. ● A, B, C, D 지점 전압이 12V이면 측정 지점부터 접지 사이가 단선되었으므로 스위치, 접지 연결 상태. 배선의 단선 등을 점검한다. ● 0.2V 이상 나오면 측정 지점부터 접지까지에 저항이 있으므로 접지부의 연결 상태 등을 점검한다.

(2) 다기능 스위치 미등^{TAIL}, 안개등 스위치를 ON 하였을 때 E, F, G, H, I 지점에 걸리는 각각의 전압은? "단" 전압계 (−)프로브는 접지시키고 측정한다.

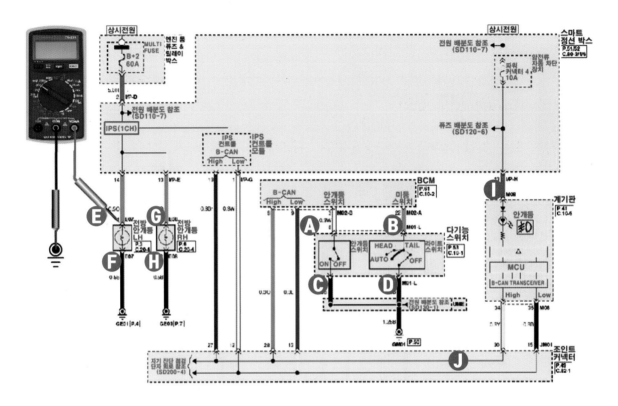

⚙ 정상값 및 불량할 때 정비 방법

점검 요소	정상값	불량할 때 정비 방법
E, G	12V	E, G 지점의 전압이 0V 나오면 상시 전원에서 측정 지점까지 단선이므로 멀티 퓨즈 60A 단선. 커넥터 접촉 상태. IPS 모듈부터 측정 지점까지 배선의 단선 등을 점검한다.
F, H	0V	F, H 지점에서 0.2V 이상 나오면 측정 지점부터 접지까지에 저항이 있으므로 접지의 연결 상태, 배선의 눌림 등을 점검한다. (접지까지 단선 시험은 저항 시험으로 한다)

11. 정지등 회로

① 정지등 회로 설명

감속 또는 정지 상태를 리어 콤비네이션 램프의 정지등과 보조 정지등을 점등시켜 후방 차량에 보여 줌으로써 안전성을 확보하기 위한 장치이다

정지등 스위치는 이중 스위치 타잎으로 정지등 스위치 A와 B가 있다.

브레이크 페달을 밟으면 정지등 스위치 A는 ON이 되고 B는 OFF 되는 NC 타잎의 스위치이다.

정지등 스위치 B는 브레이크 점검을 위한 스위치이며 정지등 스위치 A는 정지등 점등 및 관련 회로(VDC 모듈, 스마트 키 컨트롤 모듈, ECM·PCM, IPS 컨트롤 모듈)로 신호를 입력하는 장치이다.

(1) ESS 기능^{Emergence Stop Signal} : 급제동 경보 시스템 기능

차량 주행 중 급제동을 하거나 또는 제동 중 VDC가 작동하면 정지등이 빠르게 점멸되어 후방 차량에 위험 상황을 경고할 수 있는 장치이다(단 차량 속도가 55km/h 이상이고 제동중 차량 감속도가 7km/h 이상 또는 VDC 제어시 작동된다)

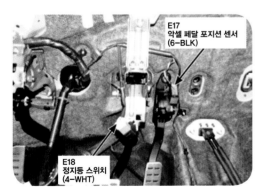

대시 패널 좌측 뒤 정지등 스위치

비상 경고등이 빠르게 점멸 중에서 차량 속도가 40km/h 이하 급제동 상황이 해제되거나 VDC 작동이 중단되면 비상 경고등은 보통 상태로 점멸하고 차량 정지 후 10km/h 이상으로 주행하면 비상 경고등은 자동으로 꺼진다.

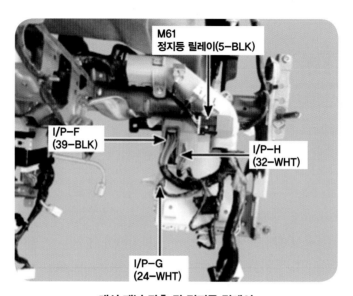

대시 패널 좌측 뒤 정지등 릴레이

② 정지등 회로(1/2)

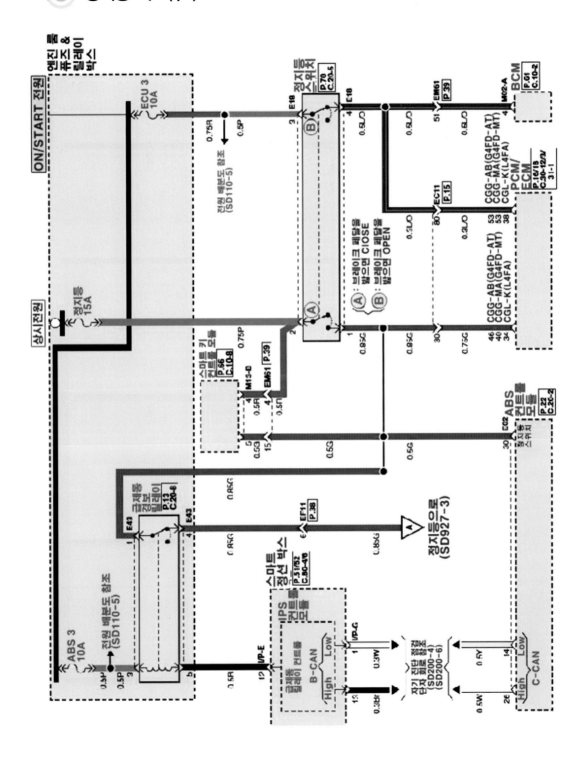

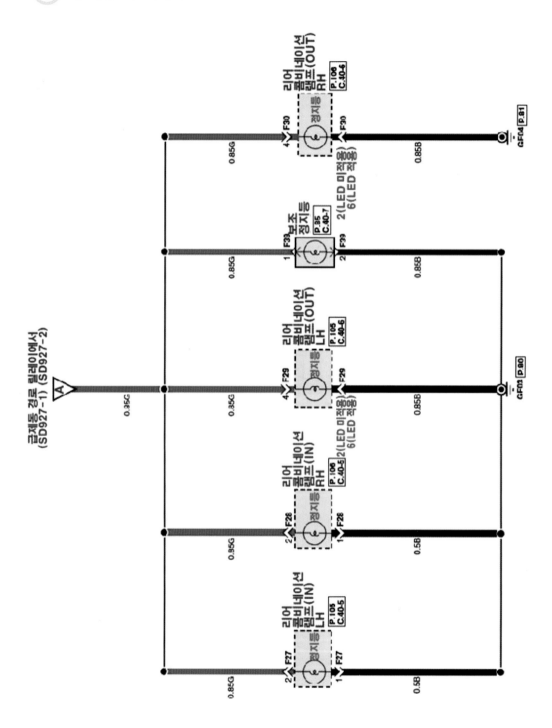

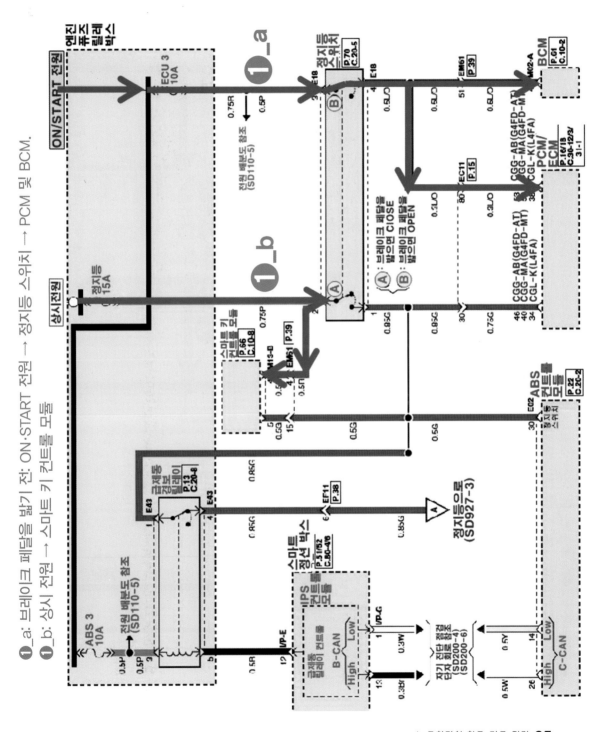

●_a: 브레이크 페달을 밟기 전: ON·START 전원 → 정지등 스위치 → PCM 및 BCM.

●_b: 상시 전원 → 스마트 키 컨트롤 모듈

❷ 브레이크 페달을 밟은 후: 상시 전원 → 정지등 스위치 A → 스마트 키 컨트롤 모듈, PCM, ABS 컨트롤 모듈 신호 입력

❸ ABS 컨트롤 모듈 → IPS 컨트롤 모듈로 B-CAN 통신

96

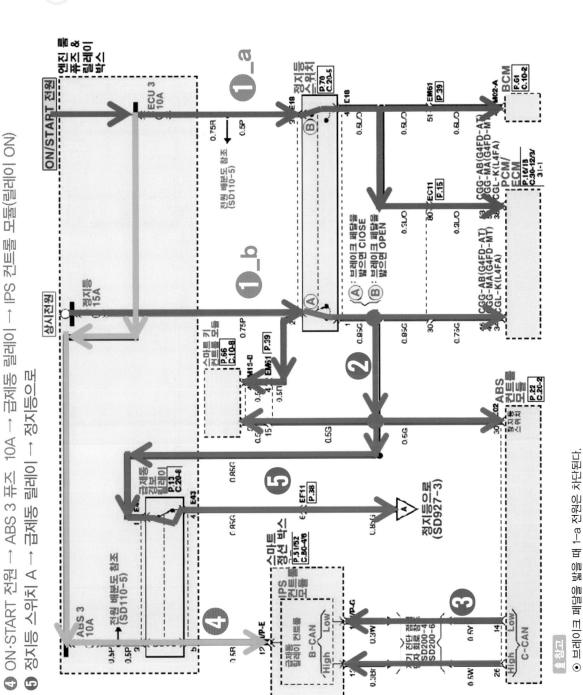

④ ON·START 전원 → ABS 3 퓨즈 10A → 급제동 릴레이 → IPS 컨트롤 모듈(릴레이 ON)

⑤ 정지등 스위치 A → 급제동 릴레이 → 정지등으로

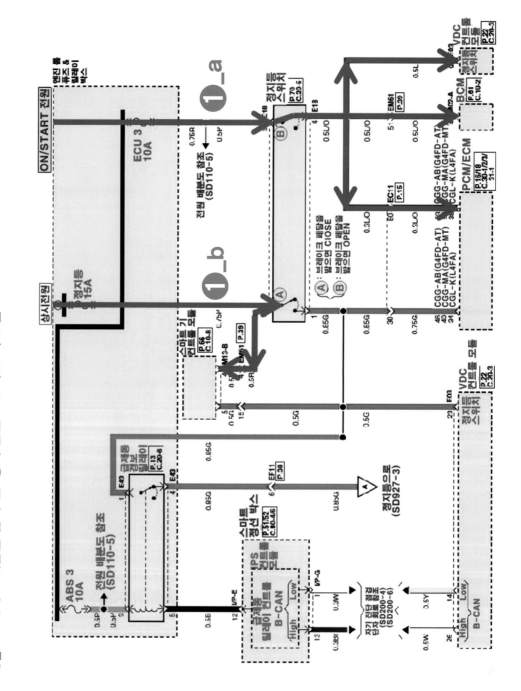

①_a 브레이크 페달을 밟기 전: ON·START 전원 → 정지등 전원 → 정지등 스위치 → PCM · BCM · VDC 모듈

①_b 브레이크 페달을 밟기 전: 상시 전원→ 스마트 키 모듈

❷ 브레이크 페달을 밟을 때: 상시 전원 → 정지등 스위치 A → 스마트 키 컨트롤 모듈, PCM, VDC 컨트롤 모듈 신호 입력

❸ VDC 컨트롤 모듈 → IPS 컨트롤 모듈로 B-CAN 통신

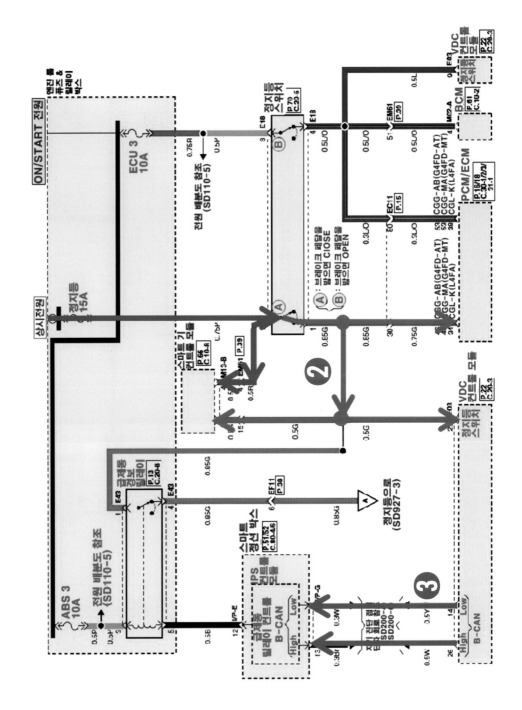

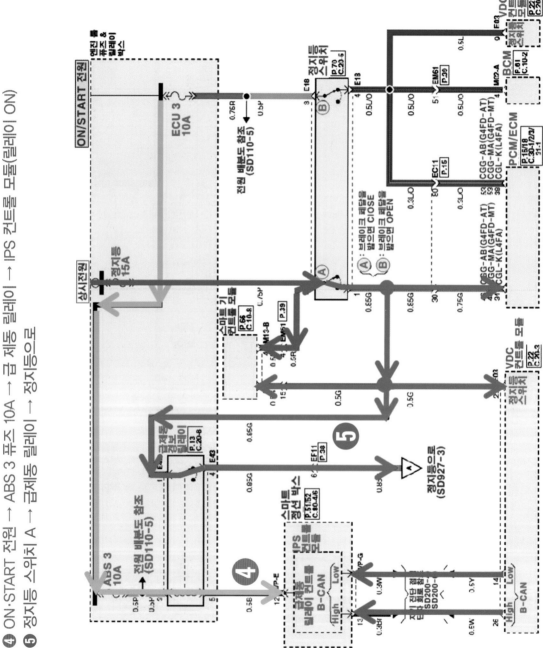

④ ON·START 전원 → ABS 3 퓨즈 10A → 급 제동 릴레이 → IPS 컨트롤 모듈(릴레이 ON)

⑤ 정지등 스위치 A → 급제동 릴레이 → 정지등으로

④ 정지등 회로 경로(아반떼 MD: ABS 적용) (7/7)

❻ 브레이크 페달을 밟은 후: 상시 전원→ 정지등 15A → 정지등 스위치 A → 급제동 경로
릴레이 → 리어 정지등 램프 · 보조 정지등 램프 → 점지

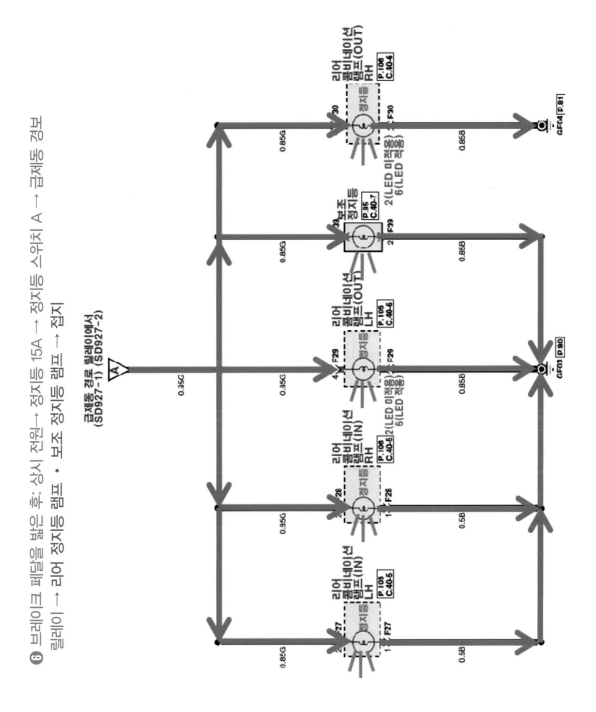

⑤ 정지등 회로 점검

(1) 브레이크 페달을 밟고 A, B, C, D, E, F 지점에서 전압을 측정하였을 때 전압값
은? "단" 전압계 (−)프로브 는 접지시키고 측정하며, 캔 통신은 정상.

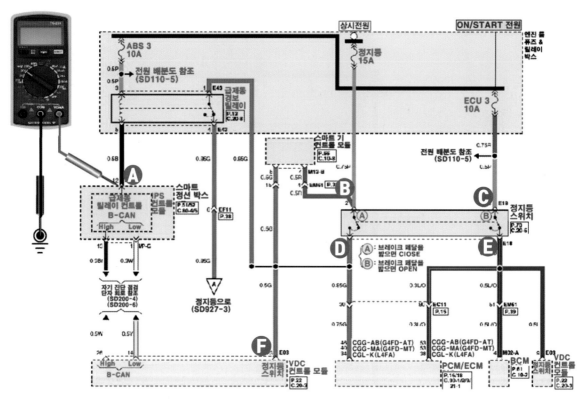

⚙ 정상값 및 불량할 때 정비 방법

점검 요소	정상값	불량할 때 정비 방법
A	12V	A 지점 0V 이면 ABS 3 퓨즈의 단선, 릴레이 단선, 커넥터 접촉 상태, 배선의 단선 등을 점검한다,
B, D, F	12V	B, D, F 지점 전압이 0V 이면 상시 전원부터 측정 지점까지 단선이므로 정지등 퓨즈 단선, 스위치 불량, 커넥터 접촉 상태, 배선의 단선 등을 점검한다.
C	12V	C 지점에서 전압이 나오지 않으면 ECU 3.10A 퓨즈 단선 및 상시 전원에서 C 지점까지 배선의 단선, 커넥터 접촉 불량 등을 점검한다.
E, F	0V	● E 지점에서 전압이 12V가 나오면 스위치 접점이 떨어지지 않았으므로 스위치를 점검한다. ● 스위치 점검 방법: 스위치 탈거하여 누르면서 도통, 비도통 검사를 한다.

(2) 브레이크 페달을 밟고 A, B, C, D, E 지점에서 전압을 측정하였을 때 전압값은?
"단" 전압계 (−)프로브는 접지시키고 측정하며, 캔 통신은 정상. 급제동 경로 릴레
이까지 정상.

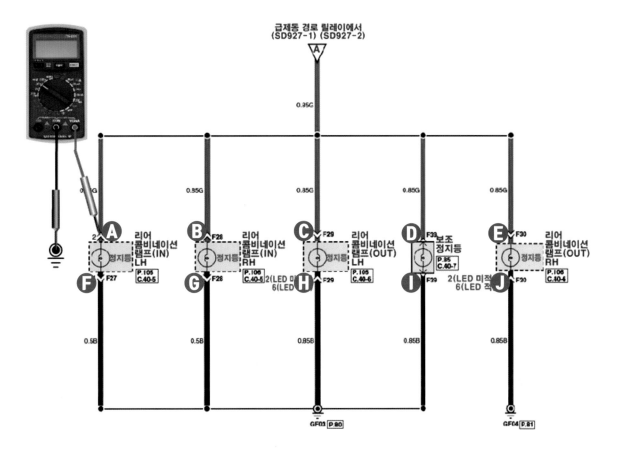

⚙ 정상값 및 불량할 때 정비 방법

점검 요소	정상값	불량할 때 정비 방법
A, B, C D, E	12V	A, B, C, D, E 지점 0V 이면 급제동 릴레이에서 측정 지점까지 단선이므로 커넥터 접촉 상태, 배선의 단선 등을 점검한다
F, G, H I, J	0V	● F, G, H, I, J 지점 전압이 0.2V 이상이면 측정 지점부터 접지에 저항이 있으므로 접지 연결 상태를 점검한다. ● F, G, H, I, J 지점 12V 나오면 측정 지점부터 접지 사이에 단선 되었으므로 접지 연결 상태. 배선의 단선 등을 점검한다,

ECO

LOREM

54
>>P

01

02

03

04

05

06

Part 2

안전 및 편의 장치
회로·경로·점검

01. 파워 도어 록 회로

① 파워 도어 록 회로 개요

상시 전원은 도어 잠금 20A 퓨즈를 지나 도어 록·언록 릴레이로 공급되며 IPS 컨트롤 모듈에 의해서 제어된다.

파워 윈도우 메인 스위치의 도어 록 스위치를 앞쪽으로 누르면(도어 록) IPS 컨트롤 모듈이 신호를 받아 도어 록 릴레이 코일을 자화시켜 도어 록 릴레이 스위치로 전원을 인가하여 모든 도어 록 액추에이터를 잠근다.

반대로 도어 록 스위치를 뒤쪽으로 누르면(도어 언록) IPS 컨트롤 모듈이 신호를 받아 도어 언록 릴레이 코일을 자화시켜 도어 언록 릴레이 스위치로 전원을 인가하여 모든 도어 록 액추에이터를 잠금 해제시킨다.

(1) 운전석·동승석 도어 록 액추에이터 점검

아래 표와 같이 운전석·동승석 도어 록 액추에이터의 각 단자에 배터리 전압을 인가한 후 바르게 작동되는지 확인한다.

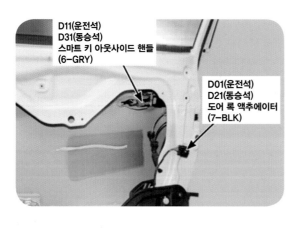

D11(운전석)
D31(동승석)
스마트 키 아웃사이드 핸들
(6-GRY)

D01(운전석)
D21(동승석)
도어 록 액추에이터
(7-BLK)

위치	단자	7	6
운전석	잠김	⊕	⊖
	열림	⊖	⊕

위치	단자	1	2
동승석	잠김	⊕	⊖
	열림	⊖	⊕

7 6 5 4 3 2 1

(2) 운전석·동승석 도어 키 록 스위치 점검

키를 도어 록에 꽂은 상태에서 옆의
표와 같이 키를 회전시켰을 경우 스
위치 각각의 위치에서 단자 사이의 통
전을 점검한다.

위치 \ 단자	3	4	1	2
운전석 잠김	●━━━━━━━━━━━●			●
운전석 열림		●━━━●	●━━━●	

위치 \ 단자	3	4	1	2
동승석 잠김	●━━━━━━━━━━━●			●
동승석 열림	●━━━●	●━━━●	●	

(3) 리어 도어 록 액추에이터 점검

옆의 표와 같이 리어 도어 록 액추에
이터 각 단자에 배터리 전압을 가한
후 바르게 작동 되는지 확인한다.

위치 \ 단자	7	6
리어 LH 잠김	⊕	⊖
리어 LH 열림	⊖	⊕

위치 \ 단자	1	2
리어 RH 잠김	⊕	⊖
리어 RH 열림	⊖	⊕

(4) 리어 도어 록 스위치 점검

옆의 표와 같이 스위치 각각의 위치에
서 단자 사이의 통전을 점검한다.

위치 \ 단자	1	2
리어 LH 열림	●━━━━━━━━━●	

위치 \ 단자	6	7
리어 RH 열림	●━━━━━━━━━●	

(5) 파워 윈도우 메인 스위치(도어 록 스위치) 점검

위치 \ 단자	1	2	15
잠금	●━━━━━━━━━●		●
잠금 해제		●━━━●	●

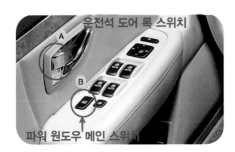

운전석 도어 록 스위치

파워 윈도우 메인 스위치

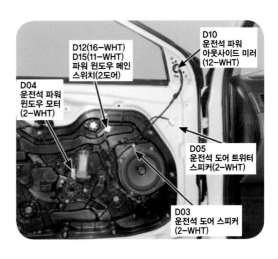

D12(16-WHT)
D15(11-WHT)
파워 윈도우 메인
스위치(2도어)

D10
운전석 파워
아웃사이드 미러
(12-WHT)

D04
운전석 파워
윈도우 모터
(2-WHT)

D05
운전석 도어 트위터
스피커(2-WHT)

D03
운전석 도어 스피커
(2-WHT)

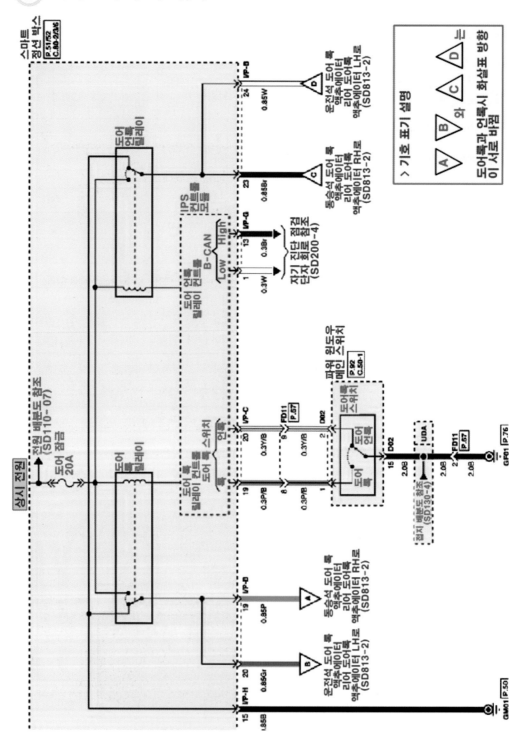

② 파워 도어 록 회로(2/2)

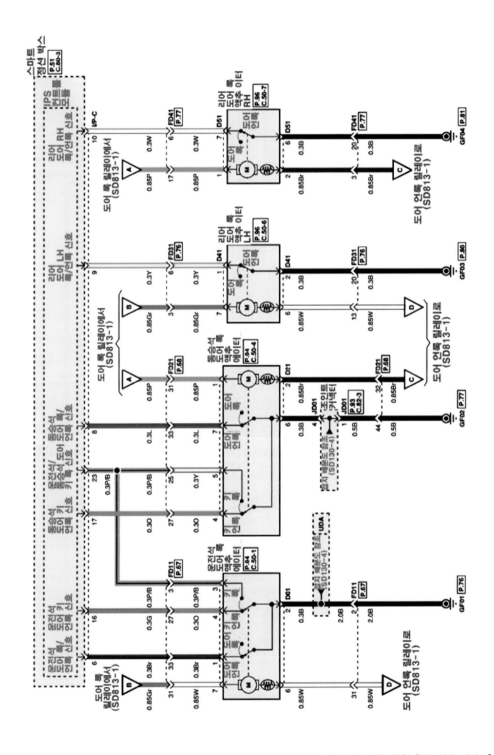

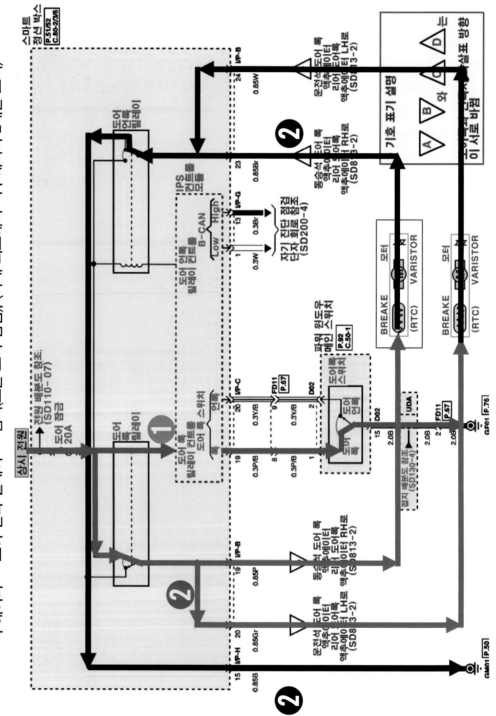

❶ 메인 스위치 도어 록: 상시 전원 → 도어 잠금 20A 퓨즈 → 도어 록 릴레이(릴레이 자화되어 접점 연결)
  → IPS 컨트롤 모듈(도어 록) → 파워 윈도우 메인 스위치(도어 록) → 접지

❷ 메인 스위치 도어 록: 상시 전원 → 도어 잠금 20A 퓨즈 → 도어 록 릴레이(포인트) → 모든 도어 록 액
  추에이터 → 도어 언록 릴레이 → 접지(모든 도어 잠김), (아래 회로에서 액추에이터 2개만 표시)

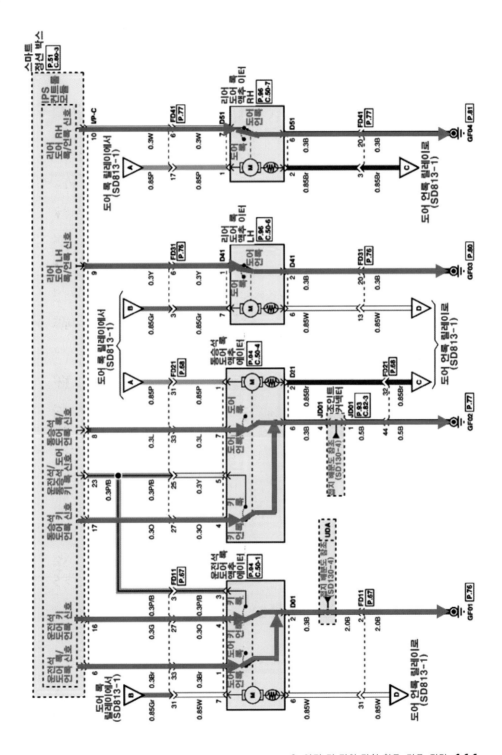

③ 파워 도어 록 회로 경로(2/3)

③ 동승석 및 리어 도어 연록 회로: IPS 컨트롤 모듈(도어 언 록) 신호 → 도어 록 액추에이터 → 접지

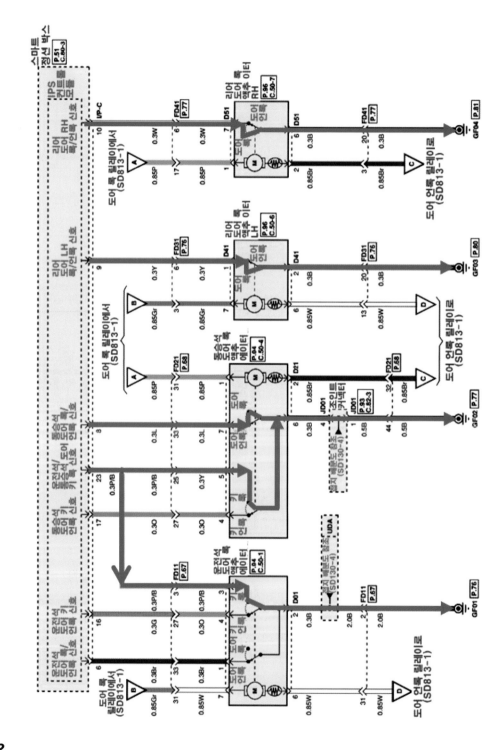

4 동승석 및 리어 도어 록 회로: IPS 컨트롤 모듈(도어 록) 신호 → 도어 록 액추에이터 → 접지

④ 파워 도어 록 회로 점검

(1) 다음 회로에서 도어 록 하였을 때 A, B, C, E, F, G 지점의 전압은 얼마인가?

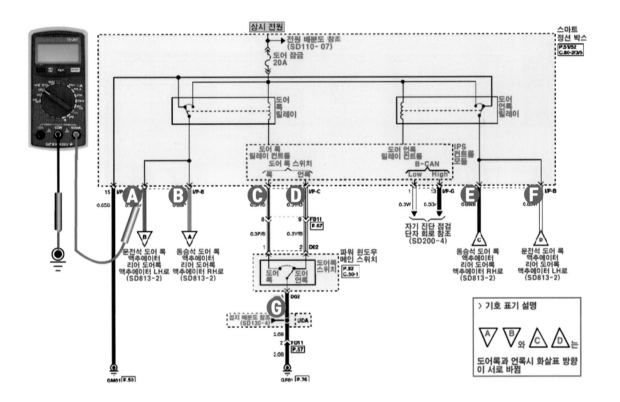

🔧 정상값 및 불량할 때 정비 방법

점검 요소	정상값	불량할 때 정비 방법
A, B	12V	A, B 지점이 불량하면 도어 록 릴레이 점검
C, E, F, G	0V	● C 지점이 불량하면 도어 록 스위치, 접지 상태를 점검한다. ● G 지점이 불량하면 접지 상태를 점검한다. ● E, F 지점 전압이 검출되지 않으면 도어 언록 액추에이터. A, B 지점부터 E, F 지점까지 배선의 단선, 커넥터 접촉 상태 등을 점검한다.

(2) 다음 회로에서 도어 언록 하였을 때 A, B, C, E, F, G 지점의 전압은 얼마인가?

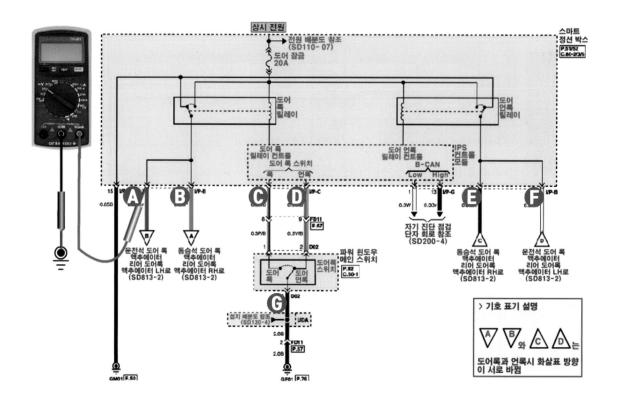

⚙ 정상값 및 불량할 때 정비 방법

점검 요소	정상값	불량할 때 정비 방법
E, F	12V	E, F 지점이 불량하면 도어 언록 릴레이 점검.
D, G, A, B	0V	● D 지점이 불량하면 도어 록 스위치, 접지 상태를 점검한다. ● G 지점이 불량하면 접지 상태 점검. ● A, B 지점 전압이 검출되지 않으면 도어 록 액추에이터 불량 및 A, B 지점부터 E, F 지점까지 배선의 단선, 커넥터 접촉 상태 등을 점검한다.

(3) 다음 회로에서 도어 언록 및 도어 록 하였을 때 A, B, C, E, F, G, H, K, L 지점의
전압은 얼마인가?

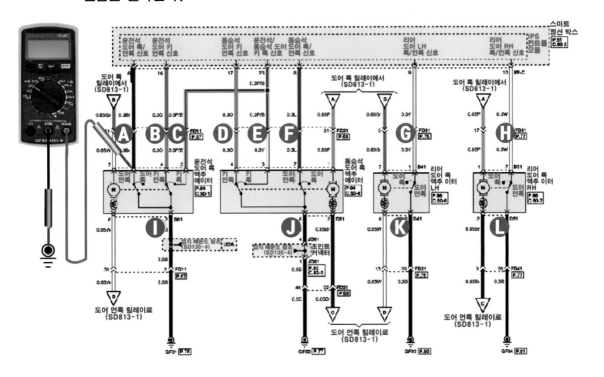

⚙ 정상값 및 불량할 때 정비 방법

점검 요소	정상값		불량할 때 정비 방법
	록	언록	
A	12V		A, B, C, D, E, F, G, H, I, J 지점이 불량하면 불량 지점부터 접지까지의 사이에서 단선 되었으므로 스위치, 접지 상태, 커넥터 접촉상태 등을 점검한다.
B			
C			
D			
E			
F			
G			
H			
I			● I, J, K, L 지점은 록 및 언록 하였을 때 전압이 12V 나오면 측정 지점부터 접지까지 사이에 단선되었으므로 접지 연결 상태, 배선 단선 등을 점검한다.
J			
K			● 0.2V 이상 나오면 측정 지점부터 접지까지 사이에 저항이 있으므로 접지의 연결 상태 점검한다.
L	0V		

(4) 다음 회로에서 도어 언록. 도어 록 하였을 때 A-B, C-D, E-F, G-H 지점의 전압
은 얼마인가?

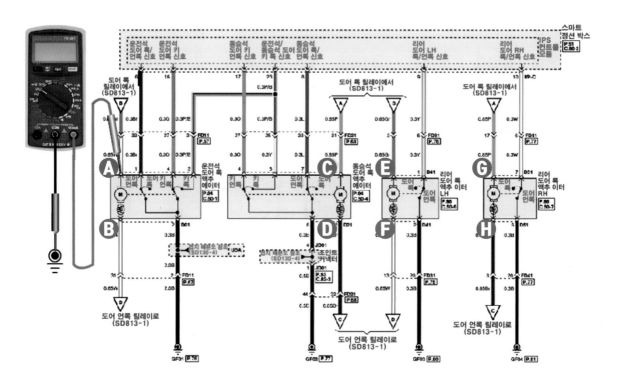

⚙ 정상값 및 불량할 때 정비 방법

점검 요소	정상값		불량할 때 정비 방법
	록	언록	
A	12V	0V	● 도어 록 하였을 때 A, C, E, G 지점은 12V가 나와야 한다. 불량하면
B	0V	12V	상시 전원에서 측정 지점까지의 사이에서 단선 되었으므로 도어 잠금
C	12V	0V	20A 퓨즈의 단선, 릴레이 불량, 커넥터 접촉 상태 등을 점검한다.
D	0V	12V	● 도어 록 하였을 때 B, D, F, H 지점은 0V 나와야 한다. 0.2V 이상
E	12V	0V	나오면 측정 지점부터 언록 릴레이를 거쳐 접지까지 저항이 있으므로
F	0V	12V	접지의 연결 상태 등을 점검한다.
G	12V	0V	● 언록은 반대로 측정값이 나와야 한다,
H	0V	12V	

02. 무선 도어 잠금 & 도난 방지 회로

① 도난 경보 기능Burglar Alarm 개요

도난 경보 기능의 목적은 차량이 잠겨져 있을 때 차량 내로 침입하는 것을 방지하기 위한 것이다.

도난 경보 시스템은 모든 도어가 닫혀 있고 잠긴 상태(Fob 키, 도어 핸들 버튼 또는 운전석·동승석 도어의 키 실린더에 의해)에서 차량의 전원 상태가 OFF 상태 이후에 ARM이 된다.

ARM 된 상태에서 도어와 후드 그리고 트렁크 등이 열려졌을 경우는 침입으로 간주한다.

- **모든 도어**All doors : 운전석 도어, 동승석 도어, 리어 LH 도어, 리어 RH 도어, 테일 게이트(트렁크)
- **진입 경로**Entrance: 모든 도어들과 후드 스마트 키 유닛SMK 잠금·잠금 해제는 액티브Fob 키 잠금·잠금 해제와 패시브 잠금·잠금 해제를 포함한다. 트렁크 언록은 키 포브Key Fob 트렁크 잠금 해제, 패시브 테일게이트 잠금 해제를 포함한다.

엔진 룸 앞 우측)후드 스위치

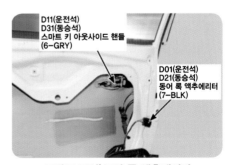

프린트 도어)도어 록 액추에이터

(1) 버글러 알람 기능

버글러 알람 시스템은 아래와 같은 기능을 이용한 도난 방지 시스템이다.

① ARM이 되는 경우

- 전체 도어 록 실시 후 전체 도어가 닫혀 있을 때

- RKE 또는 패시브 록 명령

② ALARM(알람)이 작동하는 경우

- 한 개 이상의 도어가 열렸을 때

- 후드 또는 트렁크가 열렸을 때

- (ACC = ON) 또는(IGN 1_IPM = ON) 일 때

③ DIARM이 되는 경우

- RKE 또는 패시브 언록 명령

② 무선 도어 잠금 & 도난 방지 회로(1/2)

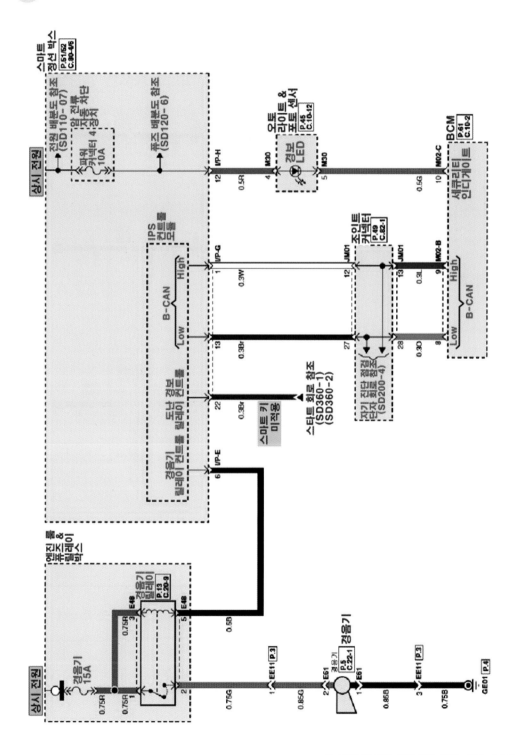

2 무선 도어 잠금 & 도난 방지 회로(2/2)

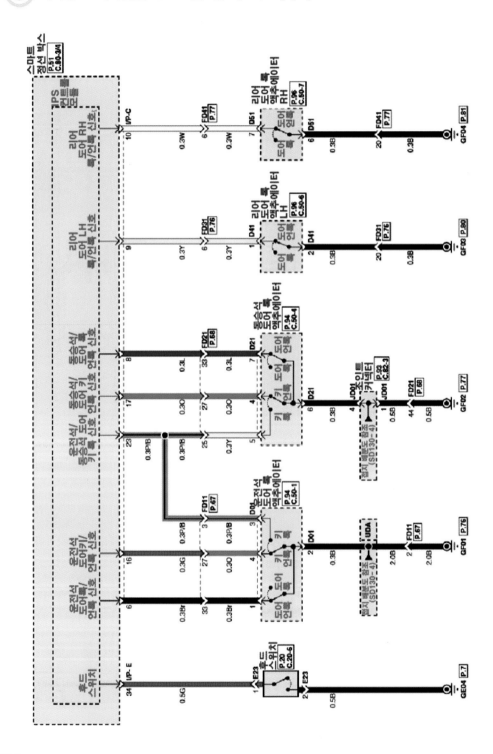

120

③ 무선 도어 잠금 & 도난 방지 회로 경로(1/3)

(1) 도어가 닫혀 있고 잠긴 상태에서 ARM 되는 경로

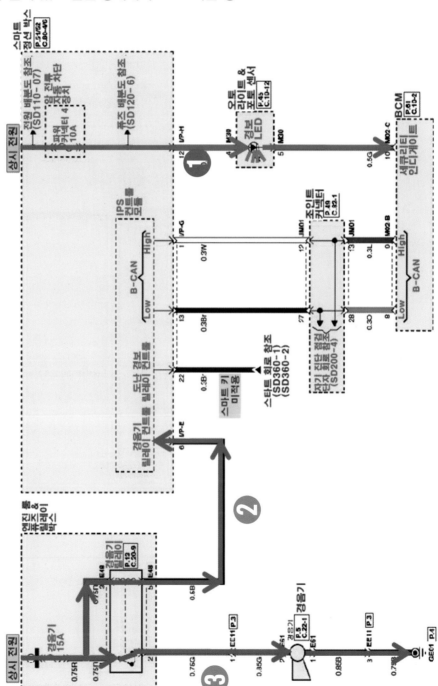

❶ 경보 LED 점등: 상시 전원 → 파워 커넥터 10A 퓨즈 → 경보 LED → BCM(점자 제어)

❷ 경음기 릴레이 작동: 상시 전원 → 경음기 15A 퓨즈 → 경음기 릴레이 → IPS(경음기 릴레이 컨트롤)

❸ 경보음: 상시 전원 → 경음기 15A 퓨즈 → 릴레이 포인트 → 경음기 → 접지

❹ 도어 록 · 도어 키 록 · 후드 스위치 록 회로

③ 무선 도어 잠금 & 도난 방지 회로 경로(3/3)

⑤ 도어 언록 · 도어 키 언록 · 후드 스위치 언록 회로
(★ 도어 언록 · 도어 키 언록 · 후드 스위치 언록 회로 중 1개라도 언록이 되면 경보음이 울린다.)

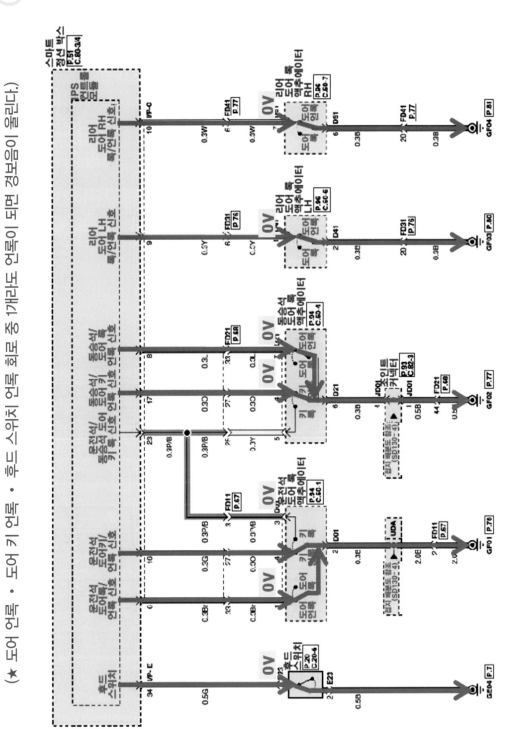

④ 무선 도어 잠금 & 도난 방지 회로 점검

(1) 다음 회로에서 A, B, C, D, E, F, H, I 지점의 전압을 점검하였을 때 전압은 얼마인가? "단" D, H, I 지점의 전압은 스마트 키로 모든 도어 잠그고 스마트 키 멀리 두고, 도어를 강제로 열면서 측정한다.

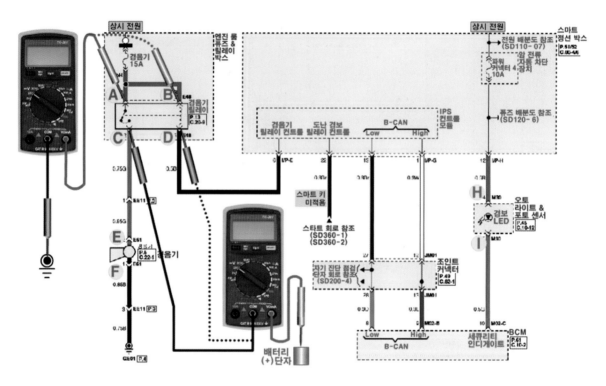

⚙ 정상값 및 불량할 때 정비 방법

점검 요소	정상값	불량할 때 정비 방법
A, B	12V	A, B 지점의 전압이 불량하면 상시 전원에서 측정 지점까지의 사이에서 단선, 퓨즈 단선, 커넥터 접촉 상태, 배선의 단선, 경보 LED 등을 점검한다.
C, E, F	12V	C, E, F 지점의 전압이 불량하면 측정 지점에서 접지까지의 사이에서 단선 되었으므로 커넥터 접촉 상태, 배선의 단선. 접지 상태, 경음기 등을 점검한다.
D	12V	D 지점의 전압이 불량하면 측정 지점에서 IPS 릴레이 컨트롤까지의 사이에서 단선 되었으므로 커넥터 접촉 상태, 배선의 단선 등을 점검한다.
H	12V	H, I 지점의 전압이 불량하면 상시 전원에서 측정 지점까지의 사이에서 단선, 퓨즈 단선, 커넥터 접촉 상태, 배선의 단선, 경보 LED 등을 점검한다.
I	0V	

(2) 아래 회로에서 후드 스위치 잠금, 도어 록, 언록 하면서 A, B, C, D, E, F, H, G, H, I 지점에서 전압을 점검하였을 때 전압값은?

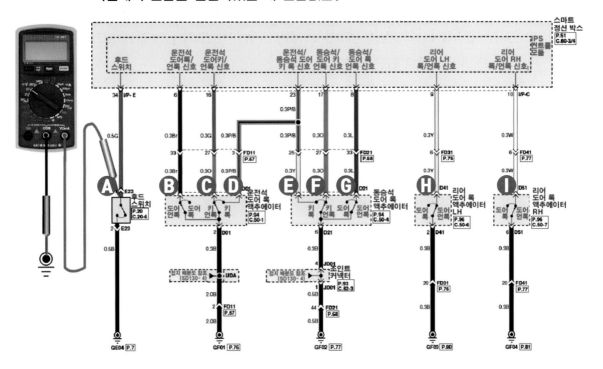

⚙️ 정상값 및 불량할 때 정비 방법

점검 요소	정상값		불량할 때 정비 방법
	록	언록	
A	12V	0V	
B	12V	0V	
C	–	0V	
D	0V	–	A, B, C, D, G, E, F, G, H, I 지점의 전압값이 불량하면 측정 지점부터 접지까지의 사이에서 단선이므로 스위치 불량 점검, 접지 연결 상태 점검, 커넥터 접촉 상태, 배선의 단선 등을 점검한다.
E	0V	–	
F	–	0V	
G, H, I	12V	0V	

03. 파워 윈도우 회로

① 파워 윈도우 회로 개요

파워 윈도우를 작동하기 위해서는 IG2 이상의 상태이어야 한다.

시동 후 이그니션 스위치가 LOCK 또는 ACC 상태라도 약 30초 동안은 유리창을 개폐할 수 있다. 단, 운전석이나 동승석 도어를 열면 30초 이내라도 유리창을 개폐할 수 없다.

파워 윈도우 메인 스위치의 윈도우 록 스위치를 LOCK으로 하게 되면 운전석을 제외한 모든 윈도우는 개폐할 수 없다.

세이프티 파워 윈도우 경우 운전석 오토–업 기능 구동 중 물체의 끼임 발생 시 세이프티 기능을 수행한다.

윈도우 동작 시 발생하는 펄스로 윈도우의 위치, 속도를 파악, 이 조건으로부터 물체 감지 및 힘을 계산하여 반전 여부를 판단한다.

(1) 파워 윈도우 메인 스위치 점검(세이프티 적용)

파워 윈도우 스위치 단자 사이의 통전을 점검한다. 통전이 일치하지 않으면 스위치를 교환 한다.

스위치 \ 단자	운전석				동승석			
	15	9	10	11	13	16	14	15
UP	○—○				○—○		○—○	
AUTO UP	○—○			○				
OFF						○—○	—○	
DOWN	○—		—○		○—		—○	—○
AUTO DOWN	○—○			○				

스위치 \ 단자	리어 LH				리어 RH			
	12	6	3	15	13	8	7	15
UP	○—○		○—○		○—○		○—○	
OFF		○—○				○—○		
DOWN	○	○	○		○		○	○

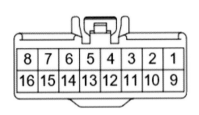

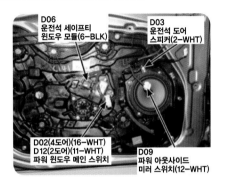

D06
운전석 세이프티
윈도우 모듈(6-BLK)

D03
운전석 도어
스피커(2-WHT)

D02(4도어)(16-WHT)
D12(2도어)(11-WHT)
파워 윈도우 메인 스위치

D09
파워 아웃사이드
미러 스위치(12-WHT)

(2) 동승석·리어 파워 윈도우 스위치 점검(세이프티 적용)

위치 \ 단자	6	4	8	3	1
UP	○		○—○		○
OFF			○—○		○
DOWN		○		○—○	

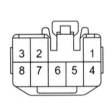

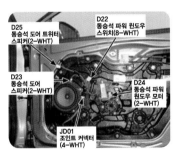

D25
동승석 도어 트위터
스피커(2-WHT)

D22
동승석 파워 윈도우
스위치(8-WHT)

D23
동승석 도어
스피커(2-WHT)

D24
동승석 파워
윈도우 모터
(2-WHT)

JD01
조인트 커넥터
(4-WHT)

(3) 운전석 세이프티 파워 윈도우 모터 점검

3번 단자에 배터리 전압을 공급하고 아래와 같이 단자를 연결하여 부드럽게 모터가 작동하는지 점검한다. 작동이 비정상이라면 모터를 교체한다,

위치 \ 단자	1	4	6
운전석 UP	○—○		
운전석 DOWN		○—○	

D43(LH)
D53(RH)
리어 도어
스피커
(2-WHT)

D42(LH)
D52(RH)
리어 파워
윈도우 스위치
(8-BLU)

D44(LH)
D54(RH)
리어 파워 윈도우
모터(2-WHT)

D45(LH)
D55(RH)
리어 시트 히터
스위치(4-WHT)

② 파워 도어 록 회로(1/3)

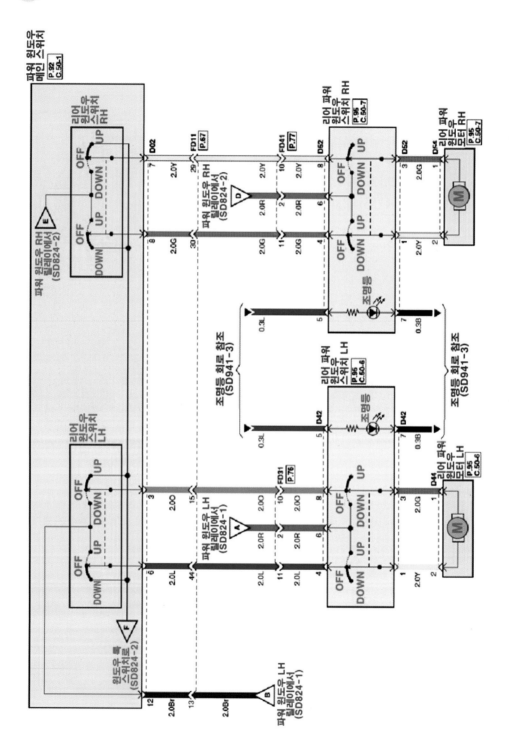

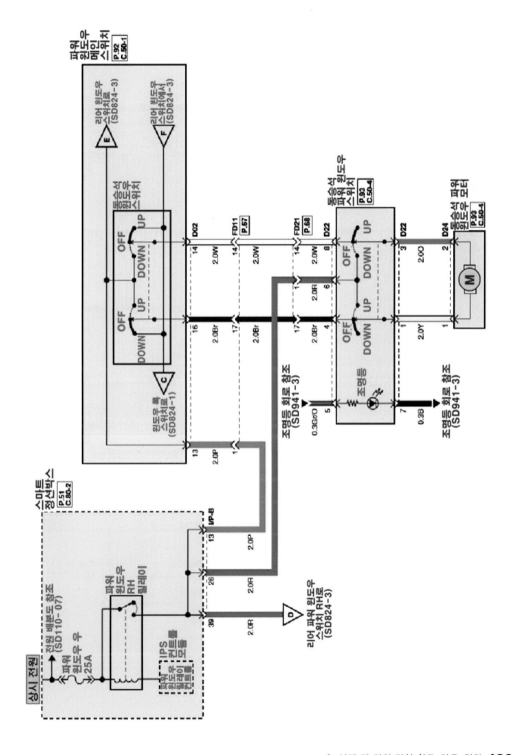

2 파워 도어 록 회로(3/3)

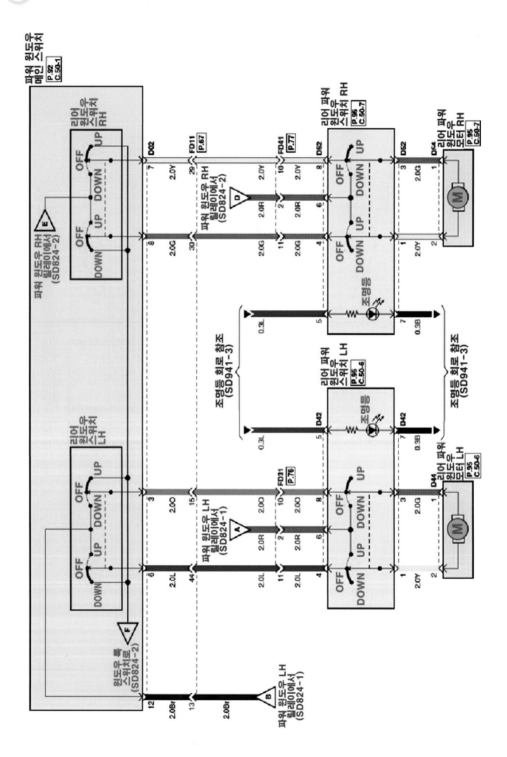

③ 파워 도어 록 회로 경로(1/4)

❶ 상시 전원에서 세이프티 윈도우 모듈에 전원 공급
❷ 운전석 윈도우 스위치 AUTO UP: 세이프티 윈도우 모듈 AUTO UP → 윈도우 스위치(AUTO UP) → 접지
● 세이프티 윈도우 모듈 UP → 윈도우 스위치(UP – AUTO UP) → 접지

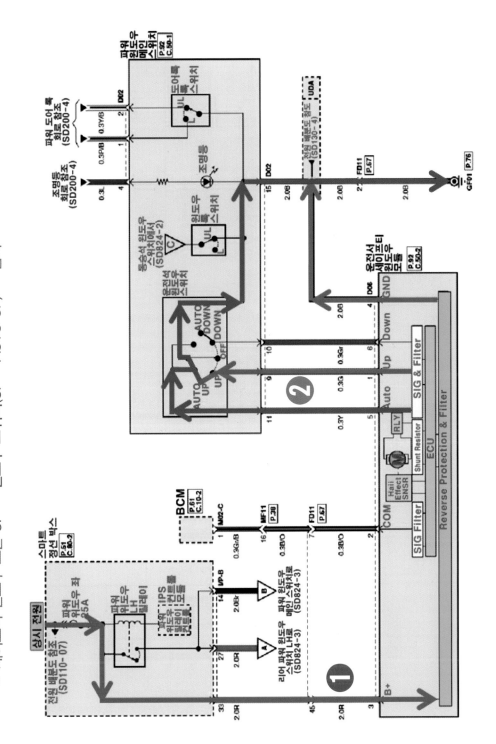

❸ 운전석 윈도우 스위치 AUTO DOWN: 세이프티 윈도우 모듈 AUTO DOWN → 윈도우 스위치(AUTO DOWN) → 접지
세이프티 윈도우 모듈 DOWN → 윈도우 스위치(DOWN – AUTO DOWN) → 접지

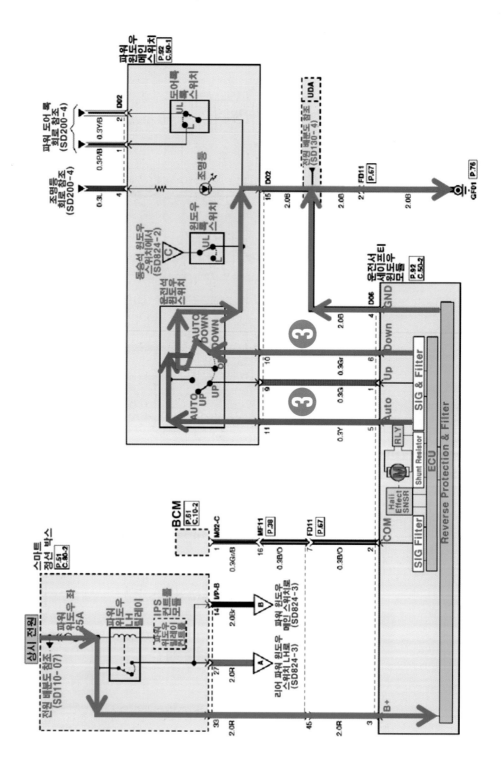

③ 파워 도어 록 회로 경로(3/4)

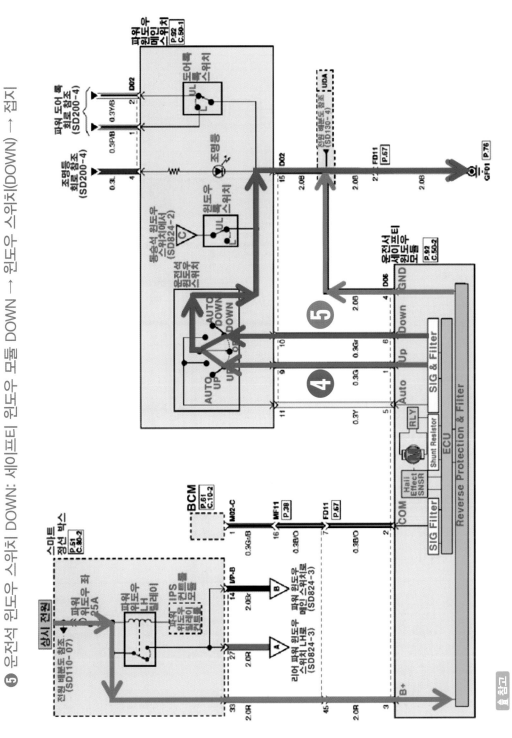

④ 운전석 윈도우 스위치 UP: 세이프티 윈도우 윈도우 모듈 UP → 윈도우 스위치(UP) → 점지

⑤ 운전석 윈도우 스위치 DOWN: 세이프티 윈도우 윈도우 모듈 DOWN → 윈도우 스위치(DOWN) → 점지

⊙ 운전석 유리창 개폐 스위치를 한 번만 강하게 두 번째 걸리는 위치까지 당겨 주거나 눌러주면 스위치에서 손을 떼어도 유리창이 완전히 닫히거나 열린다. (auto)

⊙ 유리창이 자동으로 열리거나 닫히는 중에 원하는 높이에서 멈추게 하려면 스위치를 살짝 당기거나 누르면, 그 높이에서 유리창이 멈춘다.

⊙ 개폐 스위치 가볍게(1단) 누르면 누르고 있는 동안 개폐된다. (up-down)

❻ 점화 스위치 ON 하면 IPS 컨트롤 모듈에서 파워 윈도우 우측 릴레이 접지 제어

❼ 동승석 파워 윈도우 스위치 UP: 상시 전원 → 파워 윈도우 퓨즈 → 파워 윈도우 릴레이 → 파워 윈도우 스위치(UP) → 파워 윈도우 모터 → 파워 윈도우 스위치(UP) → 파워 윈도우 메인 스위치(동승석 윈도우 스위치 OFF → UP) → 윈도우 록 스위치 → 접지(운전석 윈도우 록 도어 스위치 록 되어 있으면 윈도우 작동 안 함)

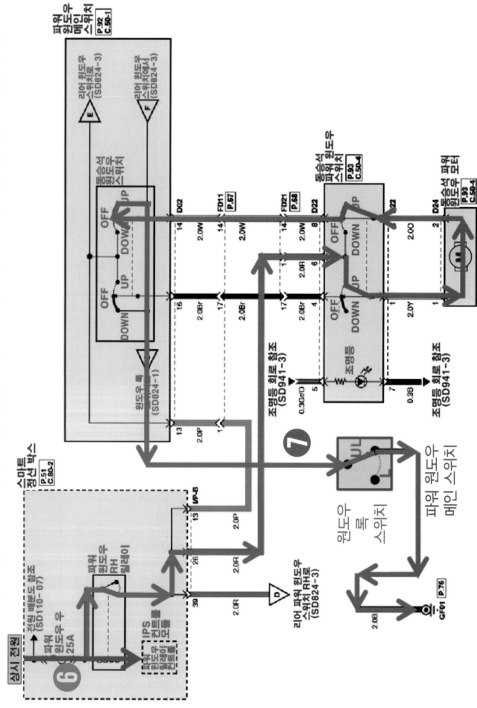

④ 파워 도어 록 회로(세이프 티 적용) 점검

(1) 다음 회로에서 운전석 윈도우 스위치 UP-DOWN시키면서 A, B, C, D, E 지점의
전압을 점검하였을 때 전압은 얼마인가?

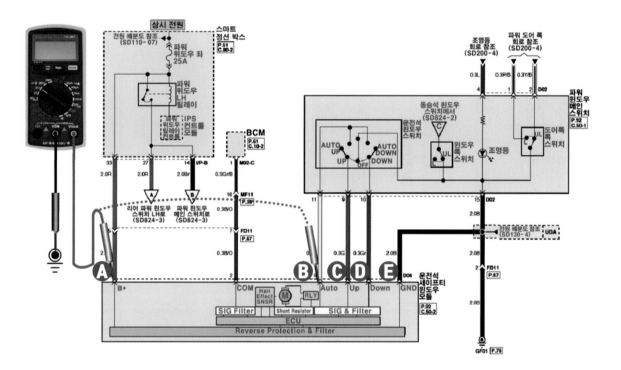

⚙ 정상값 및 불량할 때 정비 방법

점검 요소	정상값	불량할 때 정비 방법
A	상시 : 12V	불량하면 퓨즈 단선. 배선의 단선 등을 점검한다.
B (AUTO UP)	OFF = 12V ON = 0V	B 지점에서 접지까지의 사이에서 단선이므로 스위치 불량, 접지 불량, 커넥터 접촉 상태, 배선의 단선 등을 점검한다.
C (UP)	OFF = 12V ON = 0V	C 지점에서 접지까지의 사이에서 단선이므로 스위치 불량, 접지 불량, 커넥터 접촉 상태, 배선의 단선 등을 점검한다.
D	OFF = 12V ON = 0V	D 지점에서 접지까지의 사이에서 단선이므로 스위치 불량, 접지 불량, 커넥터 접촉 상태, 배선의 단선 등을 점검한다.
E	접지 : 0V	0.2V 이상 측정되면 접지까지의 사이에서 저항이 있으므로 접지 연결 상태 등을 점검한다.

(2) 다음 회로에서 동승석 파워 윈도우 스위치 UP-DOWN시키면서 A, B, C, D, E 지점의 전압을 점검하였을 때 전압은 얼마인가?

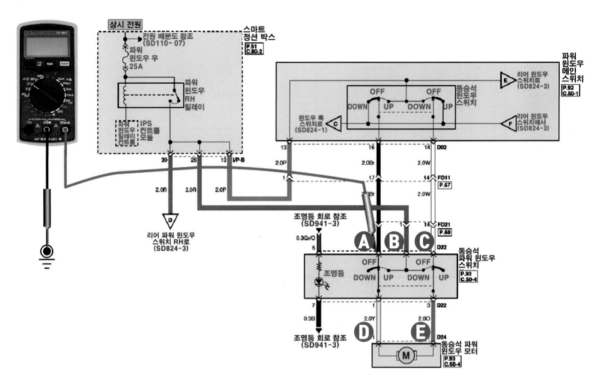

⚙ 정상값 및 불량할 때 정비 방법

점검 요소	정상값	불량할 때 정비 방법
A	OFF = 12V UP = 0V DOWN = 0V	A 지점에서 접지까지의 사이에서 단선이므로 스위치 불량, 접지 불량, 커넥터의 접촉 상태, 배선의 단선 등을 점검한다.
B	OFF= 12V UP = 12V DOWN = 12V	B 지점에서 접지까지의 사이에서 단선이므로 스위치 불량, 접지 불량, 커넥터의 접촉 상태, 모터 불량, 배선의 단선 등을 점검한다.
C	OFF = 12V UP = 12V DOWN = 12V	C 지점에서 접지까지의 사이에서 단선이므로 스위치 불량, 접지 불량, 커넥터의 접촉 상태, 배선의 단선 등을 점검한다.
D, E	OFF = 12V UP = 12V DOWN = 12V	D,E 지점이 불량하면 모터의 고장.

(3) 다음 회로에서 리어 LH 파워 윈도우 스위치 UP-DOWN시키면서 A, B, C, D, E 지점의 전압을 점검하였을 때 전압은 얼마인가?

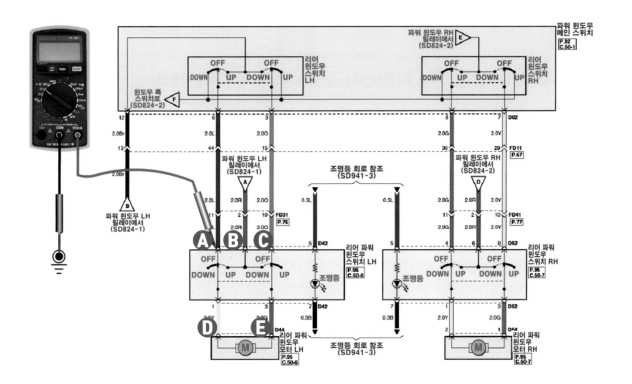

⚙ 정상값 및 불량할 때 정비 방법

점검 요소	정상값	불량할 때 정비 방법
A	OFF= 12V UP = 0V DOWN = 0V	A 지점에서 접지까지의 사이에서 단선이므로 스위치 불량, 접지 불량, 커넥터 접촉 상태, 배선의 단선 등을 점검한다.
B	OFF = 12V. UP= 12V DOWN = 12V	B 지점에서 접지까지의 사이에서 단선이므로 스위치 불량, 접지 불량, 커넥터 접촉 상태, 모터의 불량, 배선의 단선 등을 점검한다.
C	OFF = 12V UP = 0V. DOWN = 12V	C 지점에서 접지까지의 사이에서 단선이므로 스위치 불량, 접지 불량, 커넥터 접촉 상태, 배선의 단선 등을 점검한다.
D, E	DOWN : E = 12V D = 0V UP : D = 12V E = 0V	D,E 지점이 불량하면 모터의 고장.

04. 실내 감광 미러 회로

① 실내 감광 미러 회로(전자 감응식 리어 뷰 미러) 개요

(1) 전자 감응식 리어 뷰 미러

야간 운행 시 후방 차량의 강한 전조등 빛을 자동으로 차단하여 운전자의 눈부심을 방지하는 미러이다. 주위의 어두운 정도를 센서가 감지하여 후방 차량의 전조등 빛이 미러에 비치면 내부의 화학층이 반응하여 미러의 반사율을 10~70%까지 조절한다. 후진 기어 작동 시 주위 환경과 관계없이 밝아진다.

전자 감응식 리어 뷰 미러는 전압, 접지 그리고 후진 신호를 받는다. 전자 감응식 리어 뷰 미러는 빛의 눈부심을 측정하기 위해 두 개의 센서를 이용한다.

① 전방 센서는 주위 빛의 밝기가 미러의 반사율을 작동하기에 충분히 어두운가를 결정한다.

② 후방 센서는 미러의 눈부심을 탐지한다. 눈부심이 탐지되었을 때, 후방 센서는 미러가 요구하는 수준까지 어두워지기 위한 신호를 출력한다.

③ 미러는 후방 센서로부터 유도된 수준까지 어두워진다.

④ 빛의 눈부심이 더 이상 탐지되지 않으면 거울은 원래의 상태로 되돌아간다.

(2) 자동 요금 징수 시스템

유료 도로 통행 시 하이패스 구간에서 사용되는 자동 요금 징수 시스템ETCS을 전자식 룸 미러에 일체형으로 적용하여 운전자의 편의성을 향상시킨 장치이다.

자동 요금 징수 시스템ETCS을 등록한 후 하이패스 플러스 카드를 구입·충전하여 장착시 사용이 가능하다.

※ ETCS: Electronic Toll Collection System

① **ETC 전원 버튼:** ETC 모듈의 전원을 제어하는 기능. (ON: 무색 → 황녹색·
적색, OFF: LED → 무색)

② **ETC 잔액 확인 버튼:** ETC CARD 의 잔액을 음성 안내로 알림.

③ **ETC 볼륨 조절 버튼:** 음성 안내의 볼륨 조절 기능(초기 볼륨은 '3'으로 설정)

④ **ETC LED:** ETC 전원 상태·과금 상태·카드 상태를 LED를 통해 표시.

⑤ **ETC 안테나:** ETC 안테나는 앞 유리 면에 위치하고 지면기준 12~18도 각도
내에 위치해야 하며, RF(5.8GHz) 통신을 하므로, 금속성 코팅 처리 등

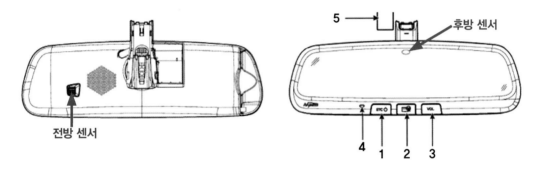

(3) 자동 요금 징수 시스템 기능

① **과금 결제 기능:** 하이패스HI-PASS 구간 통과 시 해당 구간 과금 결제 기능

② **음성 안내 기능:** 결제 금액 안내, 잔액 안내, 카드 비정상 상태 안내(카드 미삽입)

③ **카드 삽입·탈거 기능:** 하이패스 카드 삽입·탈거를 위한 반 자동 카드 소켓

(4) 점검

전자 감응식 리어 뷰 미러의 어두워지는가를 검사하기 위해서는 아래의 순서대로 점검한다.

① IG 스위치를 ON 후 전방 센서를 천 등으로 덮어씌운다.

② 후방 센서에 빛을 비춘다.

③ 후방 센서가 높은 수준의 빛을 탐지하자마자 거울은 어두워져야 한다.

④ 만약 점검을 밝은 곳에서 행한다면, 미러는 전방 센서를 덮어씌우자마자 어두워질 수 있다.

⑤ 차량이 후진할 때 미러는 어두워져서는 안 된다.

⑥ 전방 센서와 후방 센서에 각각 빛을 비추었을 때, 미러가 어두워져서는 안 된다.

② 실내 감광 미러 회로(1/2)

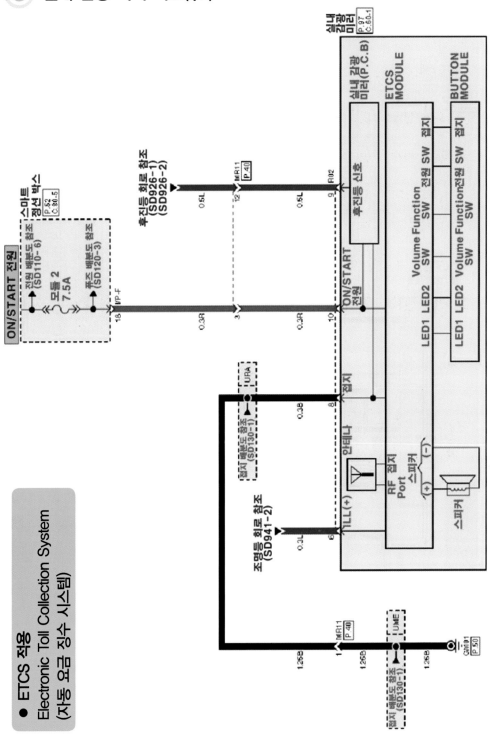

● ETCS 적용
Electronic Toll Collection System
(자동 요금 징수 시스템)

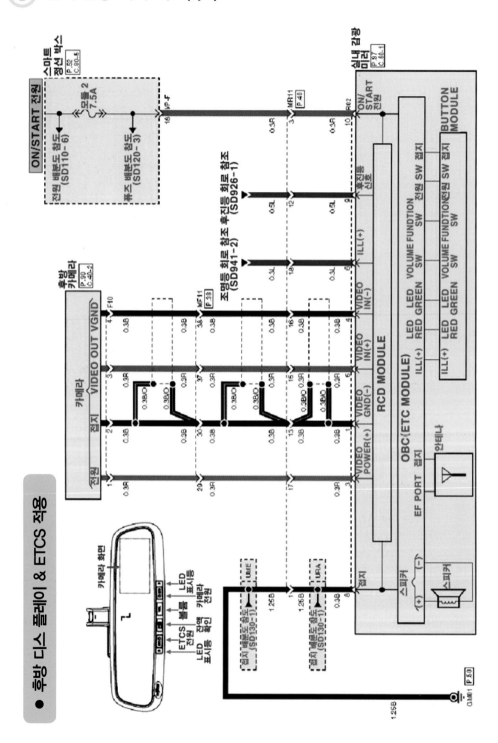

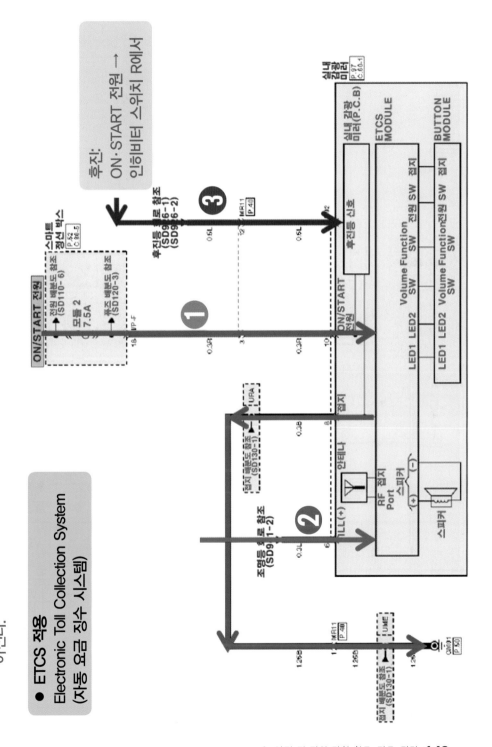

③ 실내 감광 미러 회로 경로(1/2)

❶ 점화 스위치 ON: ON·START 전원 → 모듈 2 7.5A 퓨즈 → 실내 감광 미러(ON·START 전원) → 점지

❷ 미등: 조명등 회로→ 실내 감광 미러→ 미등(ILL(+): 야간 운행시 후방 차량의 강한 전조등 빛을 자동 차단하여 운전자의 눈부심을 방지하는 미러

❸ 후진 시 〉 후진 등 회로 → 실내 감광 미러(후진등 신호): 후진 기어 작동 시 주위 환경에 관계없이 밝아진다.

● ETCS 적용
Electronic Toll Collection System
(자동 요금 징수 시스템)

후진:
ON·START 전원 →
인히비터 스위치 R에서

③ 실내 감광 미러 회로 경로(2/2)

❹ 점화 스위치 ON: ON·START 전원 → 모듈 2 7.5A 퓨즈 → 실내 감광 미러(ON/START 전원) → 점지

❺ 미등: 조명등 회로 → 실내 감광 미러(ILL(+)): 야간 운행 시 후방 차량이 강한 전조등 빛을 자동 차단하여 운전자의 눈부심을 방지한다.

❻ 후진 > 후진 등 회로 → 실내 감광 미러(후진 등 신호): 후진 기어 작동 시 주위 환경에 관계없이 밝아지고, 후방 카메라 작동한다.

● 후방 디스 플레이 & ETCS 적용

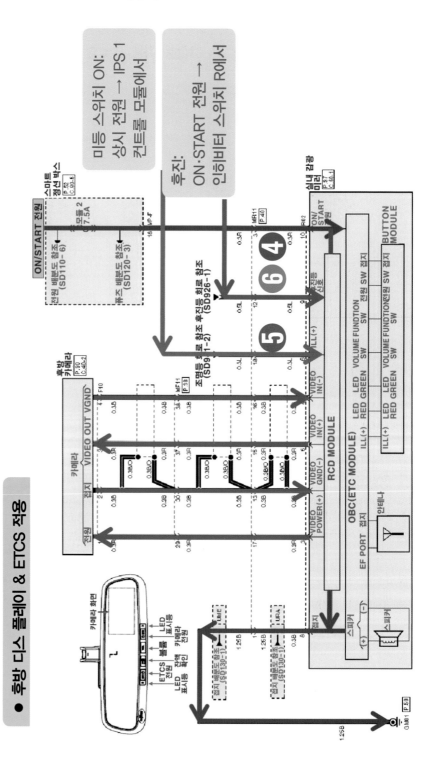

144

④ 실내 감광 미러 회로 점검

(1) 다음 회로에서 점화 스위치를 ON시키고 A, B, C, D 지점의 전압을 점검하였을 때 전압은 얼마인가? "단" A 지점은 미등 ON, D 지점은 변속 레버 후진 상태에서 점검한다.

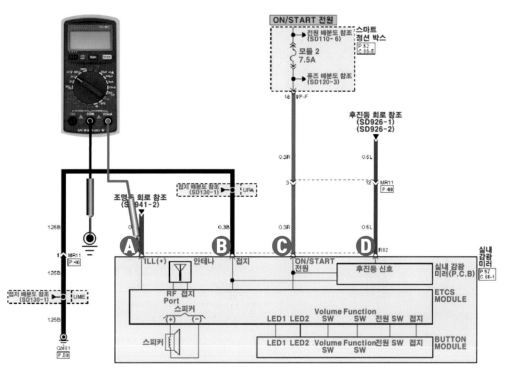

🔧 정상값 및 불량할 때 정비 방법

점검 요소	정상값	불량할 때 정비 방법
A	12V	상시 전원에서 IPS1 컨트롤 모듈에서 A 지점까지의 사이에서 단선되었으므로 퓨즈, 커넥터 접촉 상태, 배선의 단선 등을 점검한다.
B	0V	B 지점이 0.2V 이상 검출되면 접지까지의 사이에서 저항이 있으므로 접지의 연결 상태를 점검한다. 단선은 테스터 프로브의 반대로 연결하여 측정한다.
C	12V	C 지점이 불량하면 상시 전원에서 C 지점까지의 사이에서 단선이므로 퓨즈 단선, 커넥터 접촉 상태, 배선의 단선 등을 점검한다.
D	12V	D 지점이 불량하면 ON·START 전원에서 D 지점까지의 사이에서 단선이므로 퓨즈 단선, 인히비터 스위치 불량, 커넥터 접촉 상태, 배선의 단선 등을 점검한다.

(2) 다음 회로에서 점화 스위치를 ON시키고 A, B, C, D, E, F 지점의 전압을 점검하였을 때 전압은 얼마인가? "단" B, C 지점은 후방 센서에 플래시를 비추면서 점검한다.

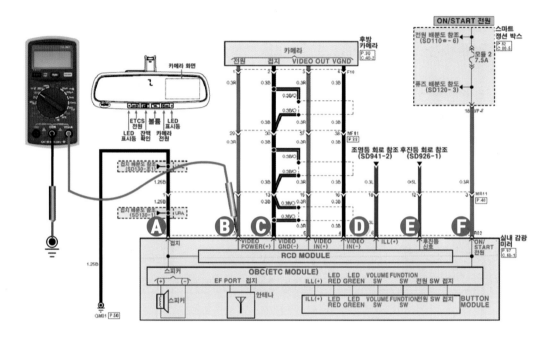

⚙ 정상값 및 불량할 때 정비 방법

점검 요소	정상값	불량할 때 정비 방법
A	0V	A 지점이 0.2V 이상 검출되면 접지까지의 사이에서 저항이 있으므로 접지의 연결 상태를 점검한다. 단선은 테스터 프로브를 반대로 연결하여 측정한다.
B. C	12V	B, C 지점이 불량하면 후방 카메라 불량, 커넥터 접촉 상태, 배선의 단선 등을 점검한다.
D.E	12V	D, E 지점이 불량하면 회로 점검(1)을 참조한다,
F	12V	F 지점이 불량하면 ON·START 전원에서 F 지점까지의 사이에서 단선이므로 퓨즈 단선, 인히비터 스위치 불량, 커넥터 접촉 상태, 배선의 단선 등을 점검한다.

05. 파워 아웃 사이드 미러·폴딩 회로

① 파워 아웃 사이드 미러 회로 개요

(1) 이그니션 스위치 ACC 이상 상태에서 미러 조절 스위치를 이용하여 왼쪽 또는 오른쪽 미러의 각도를 조절할 수 있다.

(2) 어느 한쪽 미러를 조절하려면 Selector Switch(선택 스위치)를 R(오른쪽) 또는 L(왼쪽) 위치로 레버를 움직여 선택한 후 조절하고자 하는 방향의 Left·Right, Up·Down(상·하, 좌·우) 위치의 스위치를 누른다.

(3) Up·Down(상·하) 스위치를 누르면 Left·Right(좌·우) 스위치가 연동하고, Left·Right(좌·우) 스위치를 누르면 Up·Down(상·하) 스위치가 연동한다.

(4) 조절 후에는 Selector Switch(선택 스위치)를 중립 위치에 놓아 조절 상태를 정지시켜 오작동 되는 일이 없도록 한다.

(5) 전동식 미러 Folding: 스마트 키가 자동차 가까이 가면 전동식 미러가 자동으로 오픈되고, 도어 잠그면 전동식 미러가 자동으로 접히는 장치

② 파워 아웃 사이드 미러 회로

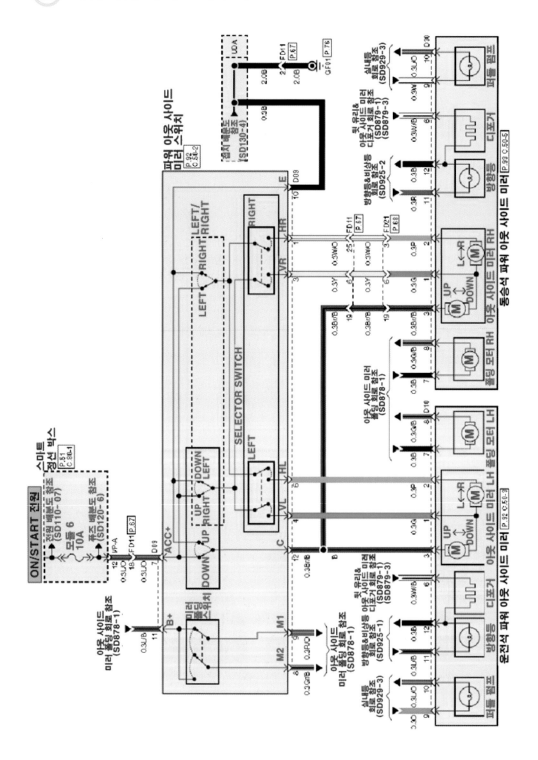

③ 아웃 사이드 미러 폴딩 회로(수동)

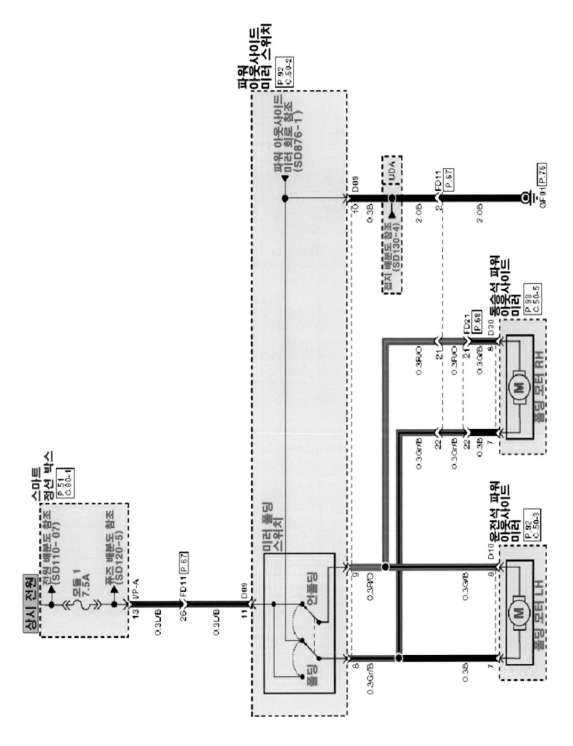

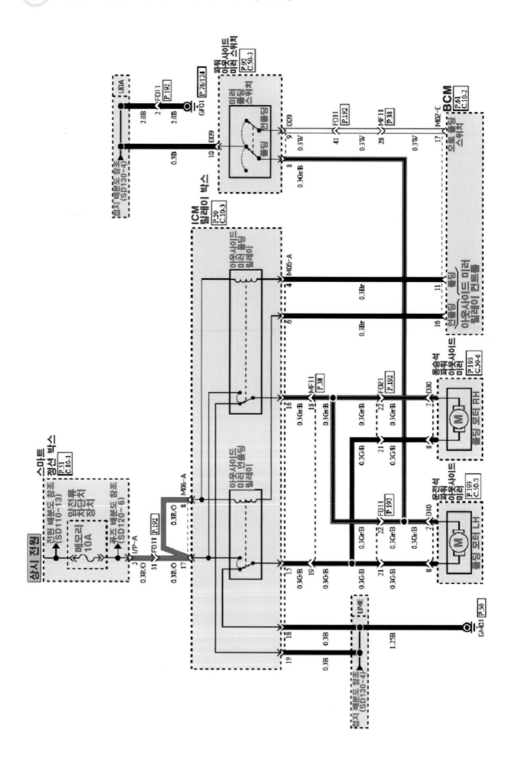

● LEFT 미러 UP: ON·STRART 전원 → ACC+ → LEFT → VL → 이웃 사이드 미러 LH(UP) → 미러 스위치LH(UP) → 접지

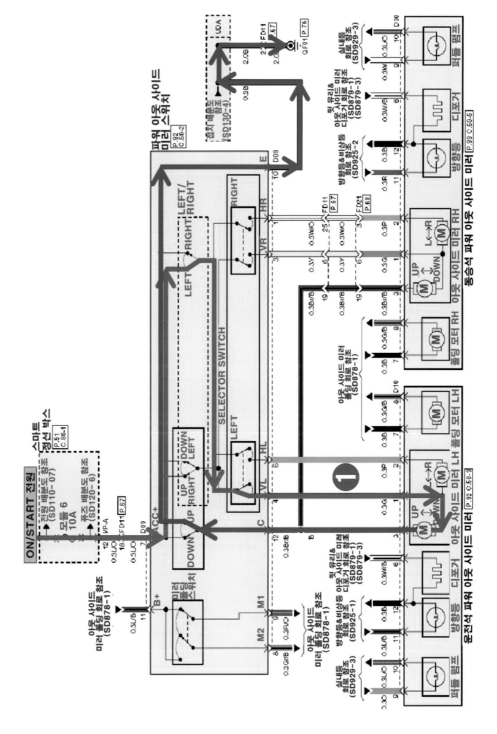

2 LEFT 미러 DODN: ON·STRART 전원 → 미러 UP·DOWN 모터 → 파워 아웃 사이드 미러 스위치
LEFT(VL) → DOWN LEFT → 파워 아웃 사이드 미러 스위치 E → 접지

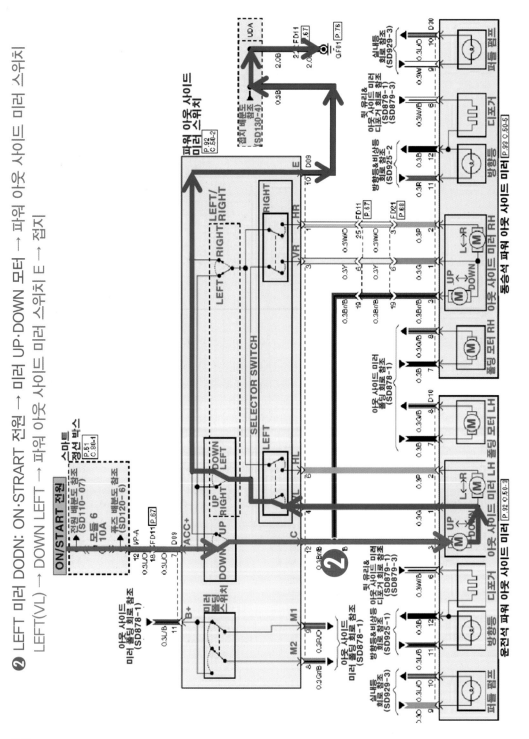

⑤ 파워 아웃 사이드 미러 회로 경로(3/4)

❸ LEFT 미러 LEFT: ON·STRART 전원 → ACC+ → 파워 아웃 사이드 미러 스위치 LEFT → HL → 아
웃 사이드 미러 LH(R → L) → 미러 스위치 LH(UP) → 접지

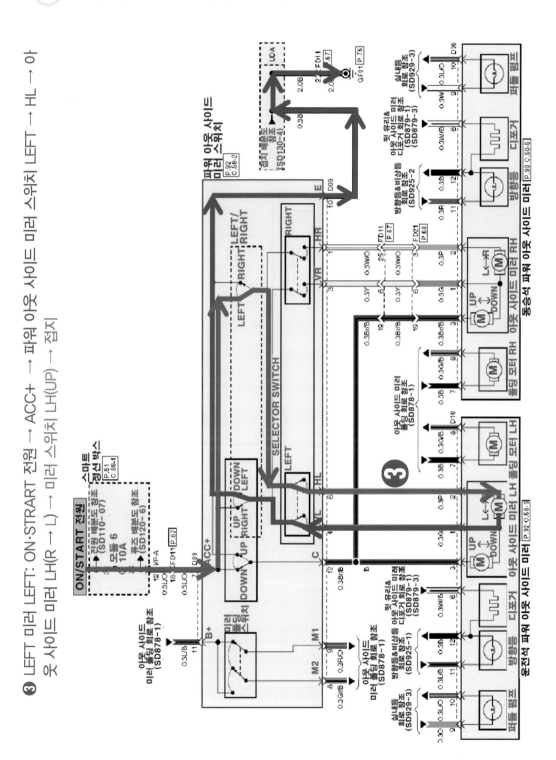

⑤ 파워 아웃 사이드 미러 회로 경로(4/4)

❹ LEFT 미러 RIGHT: ON·STRART 전원 → ACC+ → UP RIGHT → VL → 이웃 사이드 미러 LH(L→R)
→ LEFT(HL) → LEFT · RIGHT(RIGHT) → 접지

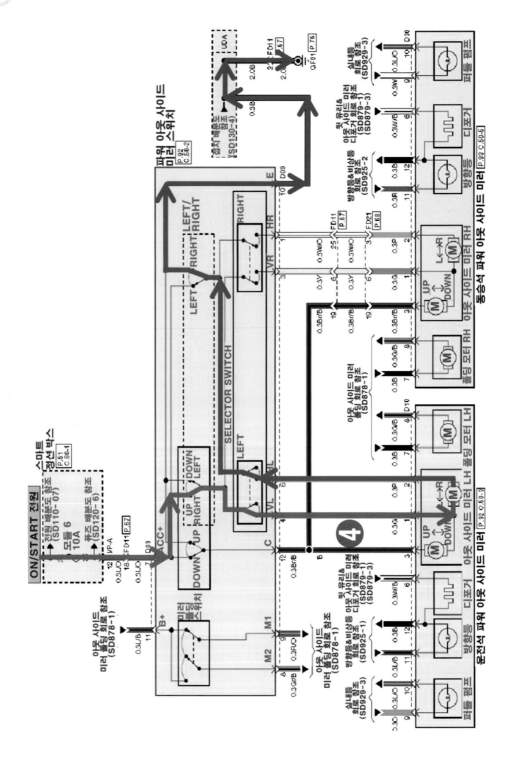

154

6 파워 아웃 사이드 미러 폴딩 회로 경로(전동식) (1/2)

❶ 운전석 미러 폴딩: ON·STRART 전원 → 모듈 17.5A퓨즈 → 폴딩 스위치(폴딩) → 폴딩 모터
LH → 미러 폴딩 스위치(언폴딩) → 접지

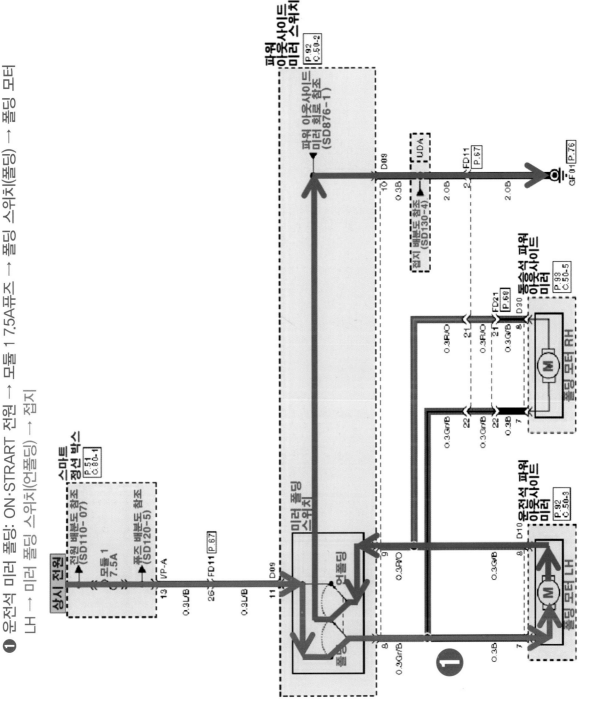

❷ 운전석 미러 언 폴딩: ON·STRART 전원 → 모듈 1 7.5A퓨즈 → 폴딩 스위치(언폴딩) → 폴딩 모터 LH
→ 미러 폴딩 스위치(폴딩) → 접지

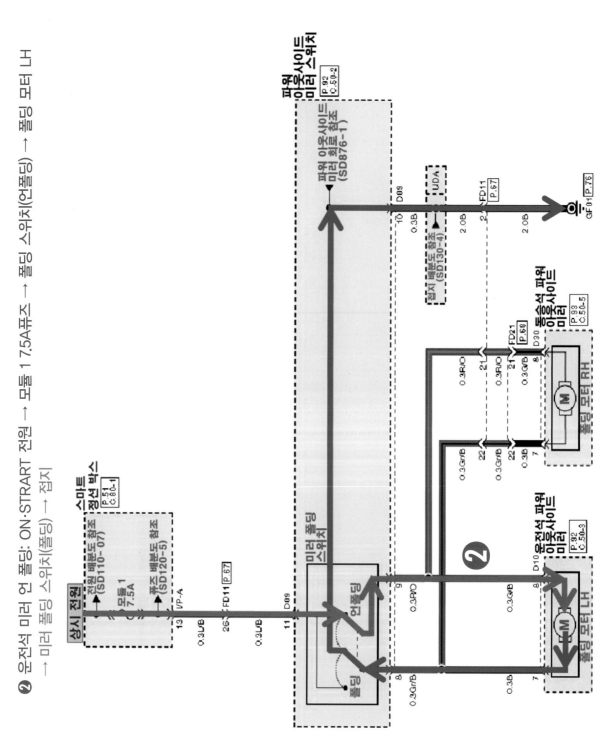

⑦ 파워 아웃 사이드 미러 폴딩 회로 경로(자동식)(1/4)

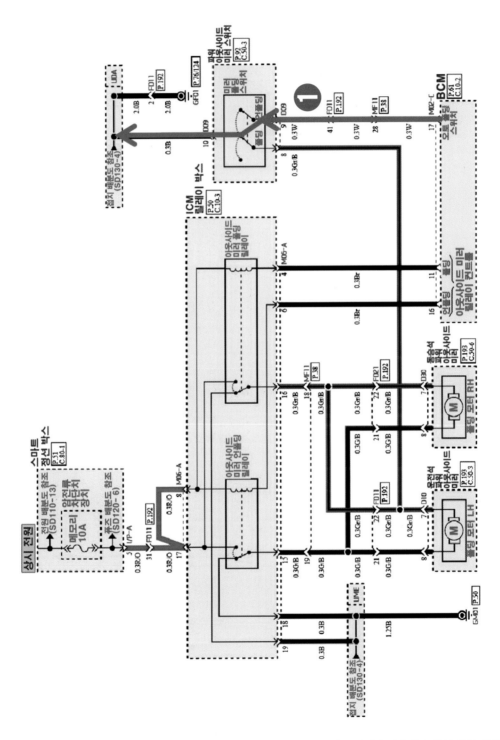

❶ 폴딩 감지(미러 접힘): BCM → 미러 스위치(언 폴딩) → 접지(폴딩 릴레이 작동)

❷ 스마트 키 자동차 가까이 오면 스마트 키 안테나를 통하여 BCM에서 언폴딩 감지(언 폴딩 릴레이 작동)

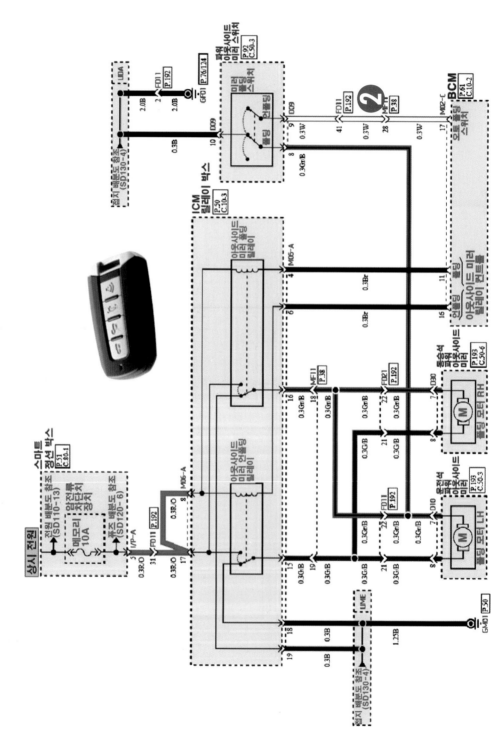

❸_1. 폴딩 검지(미러 접힘)(BCM 폴딩 릴레이 릴레이 접지 제어): 상시 전원 → 메모리 10A 퓨즈 → 릴레이 → BCM(접지) →

❸_2. 폴딩 릴레이 작동: 상시 전원 → 메모리 10A 퓨즈 → 릴레이 포인트 폴딩 모터 (RH,LH) → 릴레이 → 언폴딩 릴레이 →
접지

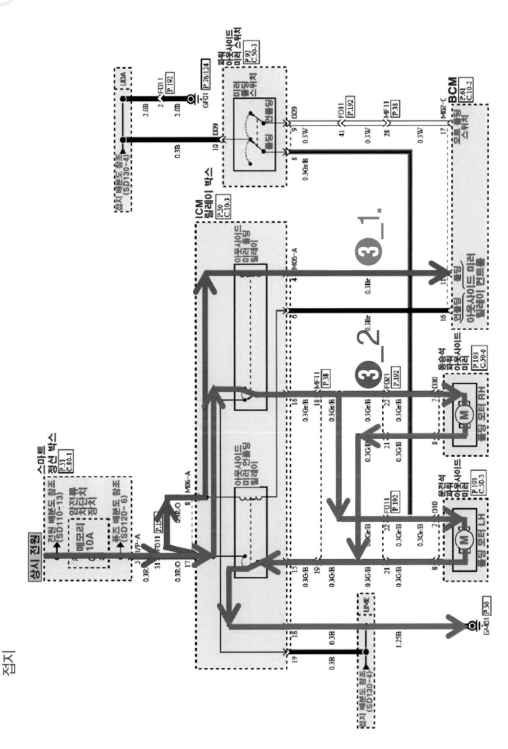

7 파워 아웃 사이드 미러 폴딩 회로 경로(자동식) (4/4)

❹_1. 언폴딩 감지(미러 열림)(BCM 언폴딩 릴레이 접지 제어): 상시 전원 → 메모리 10A 퓨즈 → 릴레이 → BCM(접지)

❹_2. 폴딩 릴레이 작동: 상시 전원 → 메모리 10A 퓨즈 → 릴레이 포인트 폴딩 모터 (RH. LH) → **언폴딩 릴레이 → 접지**

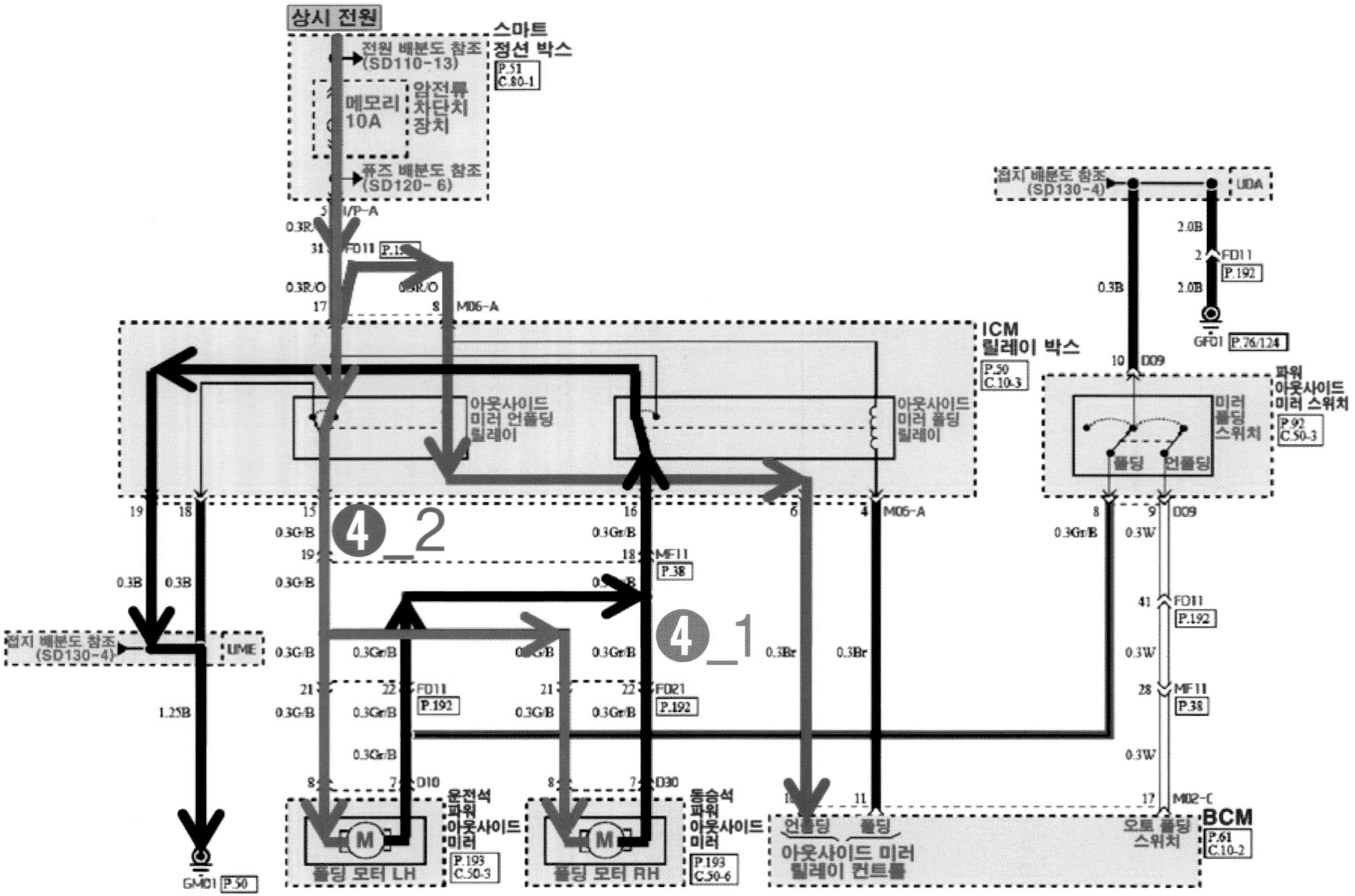

상시 전원
전원 배분도 참조 (SD110-13)
메모리 10A
암전류 차단치 장치
퓨즈 배분도 참조 (SD120- 6)
스마트 정션 박스
P.51 C.80-1
ICM 릴레이 박스
P.50 C.10-3
아웃사이드 미러 언폴딩 릴레이
아웃사이드 미러 폴딩 릴레이
접지 배분도 참조 (SD130-4)
UDA
GFD1 P.76/124
파워 아웃사이드 미러 스위치
P.92 C.50-3
미러 폴딩 스위치
폴딩
언폴딩
접지 배분도 참조 (SD130-4)
UME
GM01 P.50
❹_2
❹_1
폴딩 모터 LH
운전석 파워 아웃사이드 미러
P.193 C.50-3
폴딩 모터 RH
동승석 파워 아웃사이드 미러
P.193 C.50-6
BCM
P.61 C.10-2
오토 폴딩 스위치
아웃사이드 미러 릴레이 컨트롤
FD11 P.192
FD21 P.192
MF11 P.38
M05-A
M02-C
D09
D10
D30

8 파워 아웃 사이드 미러 폴딩 회로 점검(1/2)

(1) 운전석 미러 스위치를 UP 위치로 작동하면서 B, H, G, A, F 지점에서 전압을 점 검하였을 때 전압 값은 얼마인가?

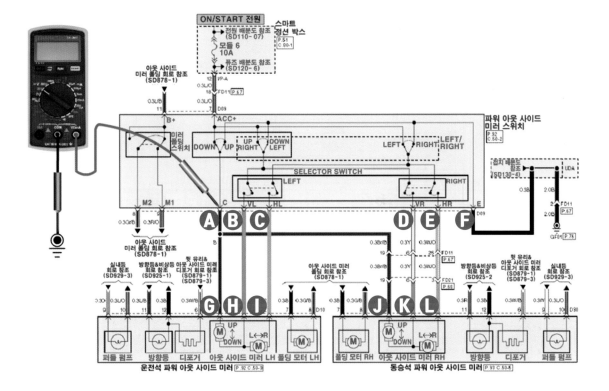

⚙ 정상값 및 불량할 때 정비 방법

점검 요소	정상값	불량할 때 정비 방법
B, H	12V	B, H 지점이 불량하면 ON·스타트 전원에서 측정 지점까지의 사이에서 단선 되었으므로 퓨즈 단선. 스위치 불량, 배선의 단선 등을 점검한다.
G, A, F	0V	G, A, F 지점이 불량(12V)하면 측정 지점에서 접지까지의 사이에서 단선 되었으므로 스위치 불량, 접지, 커넥터 이완, 배선의 단선 등을 점검한다.

(2) 운전석 미러 스위치를 DOWN 위치로 작동하면서 A, G, H, B, F 지점에서 전압을 점검하였을 때 전압 값은 얼마인가?

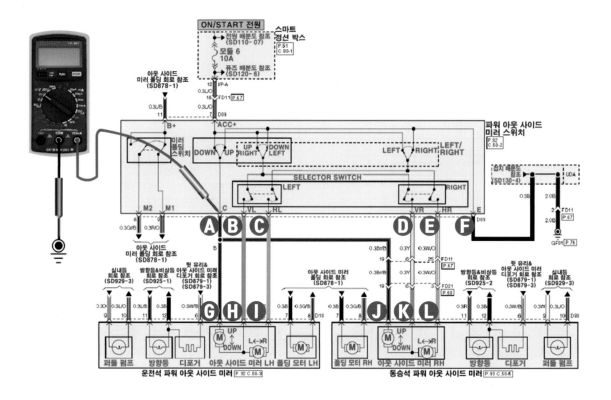

⚙ 정상값 및 불량할 때 정비 방법

점검 요소	정상값	불량할 때 정비 방법
A, G	12V	A.G 지점이 불량하면 ON·스타트 전원에서 측정 지점까지의 사이에서 단선되었으므로 퓨즈 단선, 스위치 불량, 배선의 단선 등을 점검한다.
H, B, F	0V	H.B.F 지점이 불량(12V)하면 측정 지점에서 접지까지의 사이에서 단선되었으므로 스위치 불량, 접지, 커넥터 이완, 배선의 단선 등을 점검한다.

⑨ 파워 아웃 사이드 미러 폴딩 회로 점검

(1) 파워 아웃 사이드 미러 스위치를 폴딩 위치로 작동시키면서 A, B, C, D, E, F, G
지점에서 전압을 점검 하였을 때 전압값은 얼마인가?

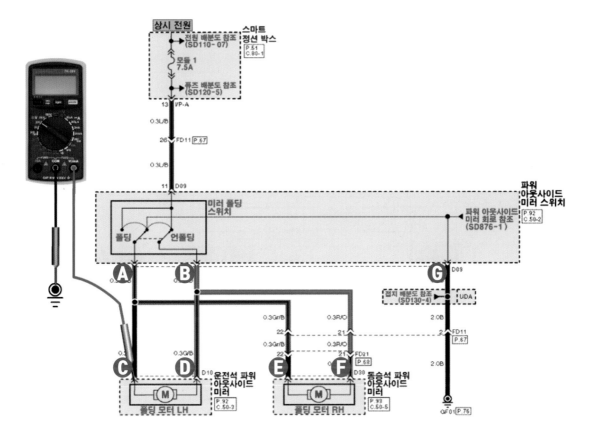

⚙ 정상값 및 불량할 때 정비 방법

점검 요소	정상값	불량할 때 정비 방법
A, C, E	12V	A, C, E 지점이 불량하면 상시 전원에서 측정 지점까지의 사이에서 단선되었으므로 퓨즈 단선. 스위치 불량, 커넥터 이완, 배선의 단선 등을 점검한다.
B, D, F, G	0V	B, D, F, G 지점이 불량(12V)하면 측정 지점에서 접지까지의 사이에서 단선되었으므로 스위치, 접지, 커넥터 이완, 배선의 단선 등을 점검한다,

※ 언 폴딩 점검은 폴딩 점검 방법과 반대로 점검한다.

⑩ 파워 아웃 사이드 미러 폴딩 회로(자동식) 점검

(1) 파워 아웃 사이드 미러 스위치를 폴딩(자동) 위치로 작동시키면서 A, B, C, D, E, F 지점에서 전압을 점검하였을 때 전압값은 얼마인가?

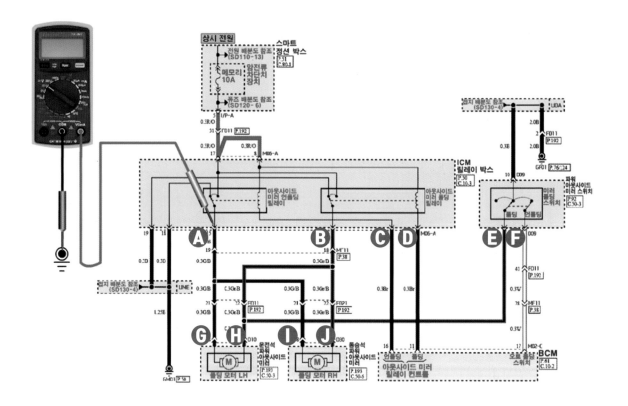

⚙ 정상값 및 불량할 때 정비 방법

점검 요소	정상값	불량할 때 정비 방법
B, D, J, H	12V	B, D, J, H 지점이 불량하면 상시 전원에서 측정 지점까지의 사이에서 단선이므로 퓨즈 단선. 스위치 불량, 커넥터 이완, 배선의 단선 등을 점검한다.
A, G ,I	0V	A, G, I 지점이 불량(12V)하면 측정 지점에서 접지까지의 사이에서 단선되었으므로 스위치, 접지, 커넥터 이완, 배선의 단선 등을 점검한다.

※ 언 폴딩 점검은 폴딩 점검 방법과 반대로 점검한다.

06. 뒤 유리 & 아웃 사이드 미러 디포거(오토 디포거 미적용) 회로

① 뒤 유리 & 아웃 사이드 미러 디포거 작동

(1) 수동 조절식: 실내측 유리 습기 제거 방법

① 풍량 조절 노브로 원하는 풍량을 설정한다.(신속히 제거하려면 풍량을 고단으로 설정)

② 온도 조절 노브로 원하는 온도를 설정한다.

③ 앞 유리 서리 제거 버튼을 누른다.

④ 외기 유입 및 에어컨이 자동으로 선택. (유리창 습기 방지 기능이 설정된 경우) 외기 유입 및 에어컨이 자동으로 선택되지 않을 경우에는 해당 버튼을 눌러 작동한다.

①  ②  ③   ④

(2) 수동 조절식: 실외측 유리 성에 제거 방법

① 풍량 조절 노브로 풍량을 고단으로 설정.

② 온도 조절 노브로 최대 온도로 설정

③ 앞 유리 서리 제거 버튼을 누른다.

④ 외기 유입 및 에어컨을 자동으로 선택

(3) 자동 조절식: 실내측 유리 습기 제거 방법

① 풍량 조절 스위치로 원하는 풍량을 설정(신속히 제거하려면 풍량 조절 버튼을 눌러 강한 위치에 놓는다.)

② 온도 조절 버튼으로 원하는 온도로 설정한다.

③ 유리 서리 제거 버튼을 누른다..

④ 외기 유입이 자동으로 선택되며 외부 온도에 따라 에어컨도 자동으로 작동(유리창 습기 방지 기능이 설정된 경우) 외기 유입 및 에어컨이 자동으로 선택되지 않을 경우에는 해당 버튼을 눌러 작동시킨다.

(4) 자동 조절식: 실외측 유리 성에 제거 방법

① 풍량 조절 스위치로 풍량을 고단으로 강한 바람이 나오도록 설정 한다.

② 온도 조절 버튼으로 최대 온도HIGH로 설정 한다.

③ 앞 유리 서리 제거 선택 버튼을 누른다.

④ 외기 유입이 자동으로 선택되며 외부 온도에 따라 에어컨도 자동으로 작동된다. (유리창 습기 방지 기능이 설정된 경우)

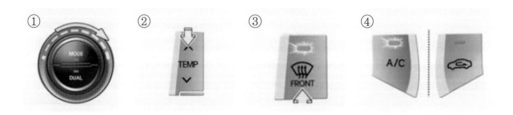

(5) 수동 조절식: 유리창 습기 방지 기능

① 시동을 「ON」으로 한다.

② 앞 유리 서리 제거 버튼을 누른다.

③ 내·외 공기 선택(실내 순환) 버튼을 3초 이내에 5회 이상 누른다.

④ 내·외 공기 선택(실내 순환) 버튼 내의 표시등이 0.5초 간격으로 3회 점멸하면 유리창 습기 방지 기능의 해제 또는 설정이 완료된다. 초기 배터리 연결 시에는 자동 설정 기능으로 초기화된다.

(6) 자동 조절식: 유리창 습기 방지 기능

① 시동을 「ON」으로 한다.

② 앞 유리 서리 제거 버튼을 누른다.

③ 에어컨 선택 버튼을 누른 상태에서 내·외 공기 선택(실내 순환) 버튼을 3초 이내에 5회 이상 누른다.

④ 작동 표시창이 0.5초 간격으로 3회 점멸하면 자동 설정 기능의 해제 또는 설정이 완료된다. 초기 배터리 연결 시에는 자동 설정 기능으로 초기화된다.

(7) 자동 습기 제거 장치

히터나 에어컨이 작동 상태일 때 차량 앞 유리의 습기가 감지되면 자동으로 습기를 제거하여 운전자의 시야를 확보함으로써 안전 운전을 가능하게 하는 장치이다. (자동 조절식 타입 해당)

습기가 감지되어 자동 습기 제거 장치가 작동하면 공조 정보 화면에 점등되어 자동 습기 제거 장치가 작동 중임을 나타낸다.

차량 앞 유리 쪽의 습도가 높아질수록 자동 습기 제거 장치는 높은 단계까지 작동 된다. 예를 들어, 1단계인 외기 모드 변환만으로 습도 조절이 되지 않을 경우 2단계인 앞 유리 송풍을 작동시켜 습도 조절을 한다.

▶ 1단계 – 외기 모드 변환　　▶ 2단계 – 앞 유리 송풍

▶ 3단계 – 앞 유리 송풍량 증대　▶ 4단계 – 에어컨 작동

▶ 5단계 – 에어컨 최대 작동

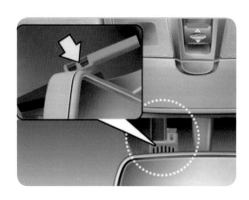

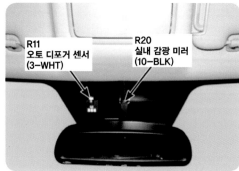

② 뒤 유리 & 아웃 사이드 미러 디포거^(오토 디포거 미적용) 회로

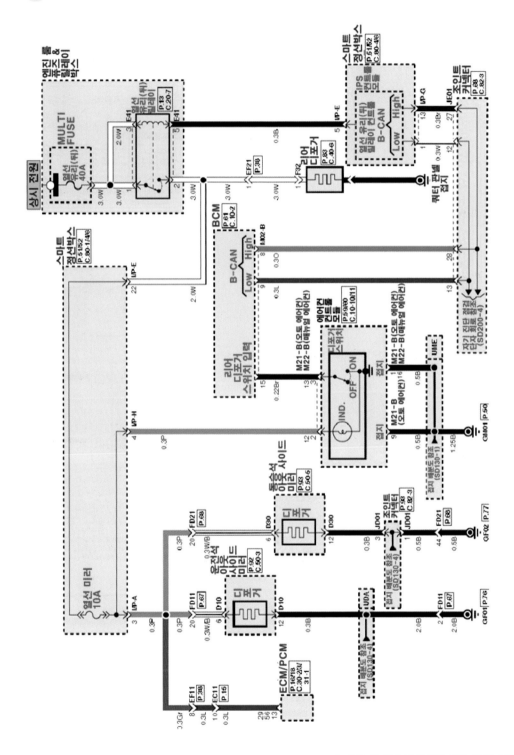

③ 뒤 유리 & 아웃 사이드 미러 디포거^(오토 디포거 미적용) 회로 경로

❶ 디포거 스위치 ON: 리어 디포거 스위치 입력 → 디포거 스위치 → 접지

❷ BCM(B-CAN 통신) → IPS 컨트롤 모듈(뒤 열선 유리 릴레이 컨트롤 접지)

❸ 상시 전원 → 열선 유리(뒤) 40A 퓨즈 → 열선 유리(뒤) 릴레이 → IPS 컨트롤 모듈 접지

❹ 상시 전원 → 열선 유리(뒤) 40A 퓨즈 → 열선 유리(뒤) 릴레이 포인트 → 리어 디포거 → 접지

• 열선 유리(뒤) 릴레이 포인트 → 열선 미러 10A 퓨즈 → 운전석 및 동승석 아웃 사이드 미러 → 접지

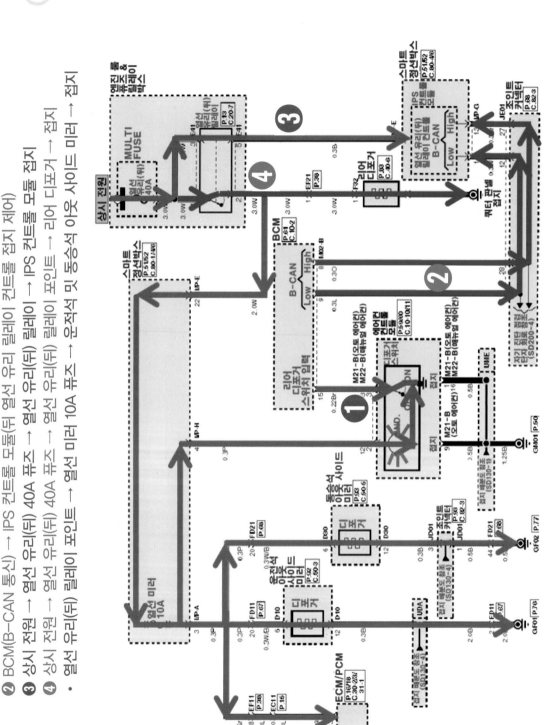

170

④ 뒤 유리 & 아웃 사이드 미러 디포거^(오토 디포거 미적용) 회로 점검

(1) 리어 디포거 스위치를 ON시켰을 때 A, B, C, D, E, F, G, H, I, J, K 지점에 걸리는 전압은 얼마 인가?

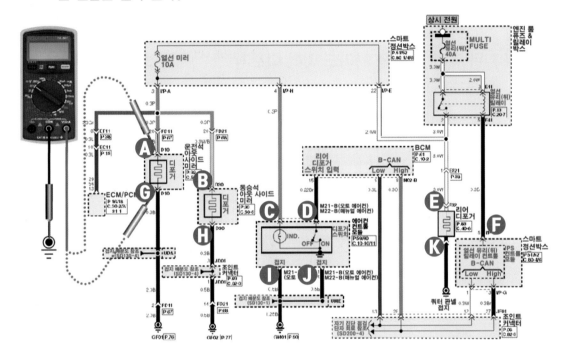

⚙ 정상값 및 불량할 때 정비 방법

점검 요소	정상값	불량할 때 정비 방법
A, B, C	12V	A, B, C 지점이 불량하면 상시 전원에서 측정 지점까지의 사이에서 단선이므로 퓨즈 단선. 열선 릴레이 불량, 커넥터 이완, 배선의 단선 등을 점검한다.
D	0V	D 지점이 불량(12V)하면 BCM에서 측정 지점까지의 사이에서 단선 되었으므로 커넥터 이완, 배선의 단선 등을 점검한다.
E	12V	E 지점이 불량하면 상시 전원에서 측정 지점까지의 사이에서 단선이므로 퓨즈 단선. 열선 릴레이 불량, 커넥터 이완, 배선의 단선 등을 점검한다.
G, H, I, J, K	0V	G, H, I, J, K 지점이 12V가 나오면 측정 지점에서 접지까지의 사이에서 단선 되었으므로 커넥터 이완, 접지 연결 상태, 배선의 단선 등을 점검한다. 0.2V 이상 나오면 저항이 있으므로 접지의 연결 상태를 점검한다.
F	12V	F 지점이 불량하면 상시 전원에서 측정 지점까지의 사이에서 단선이므로 퓨즈의 단선, 열선 릴레이 불량, 커넥터 이완, 배선의 단선 등을 점검한다.

07. 뒤 유리 & 아웃 사이드 미러 디포거^(오토 디포거 적용)회로

1 뒤 유리 & 아웃 사이드 미러 디포거^(오토 디포거 적용) 회로(1/2)

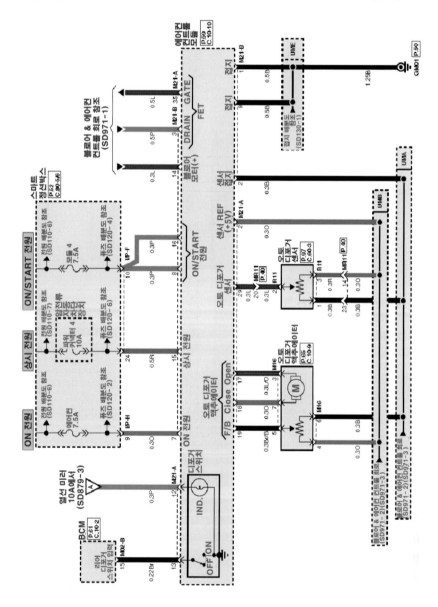

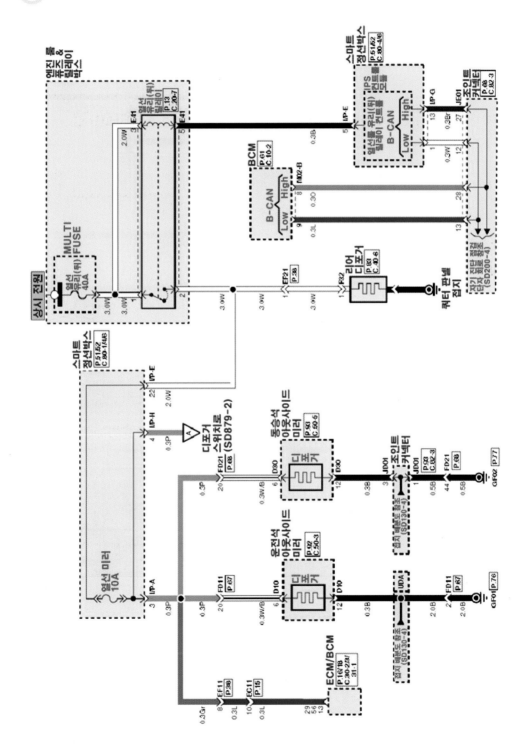

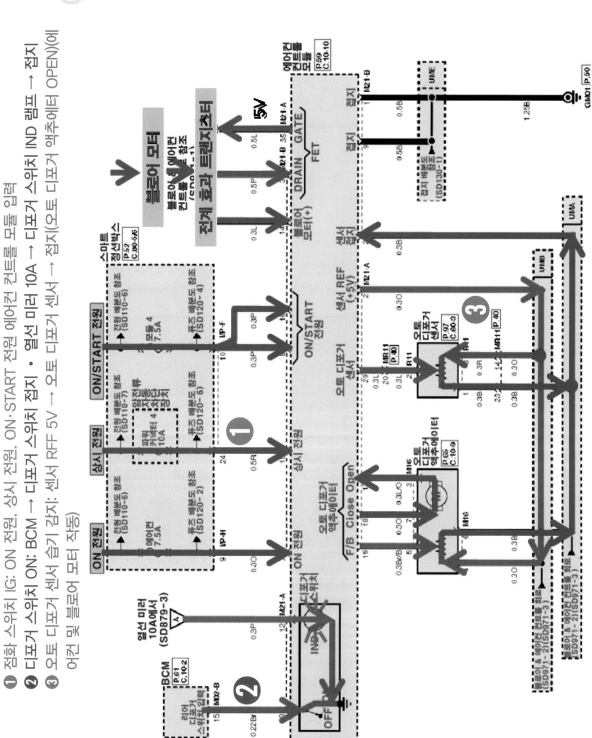

1 점화 스위치 IG: ON 전원. 상시 전원. ON·START 전원 에어컨 컨트롤 모듈 입력

2 디포거 스위치 ON: BCM → 디포거 스위치 접지 · 열선 미러 10A → 디포거 스위치 IND 램프 → 접지

3 오토 디포거 센서 습기 감지: 센서 RFF 5V → 오토 디포거 센서 → 접지(오토 디포거 액추에터 OPEN)(에 어컨 및 블로어 모터 작동)

174

3 뒤 유리 & 아웃 사이드 미러 디포거^(오토 디포거 적용) 회로(2/2)

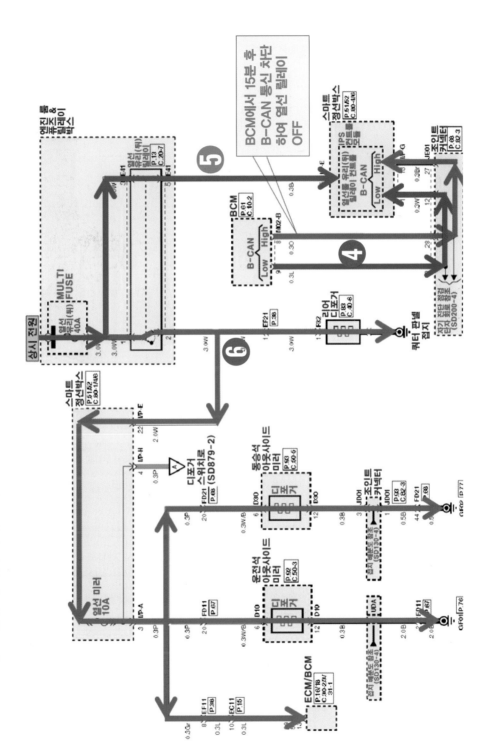

④ 디포거 스위치 ON : BCM → B-CAN 통신 → IPS 컨트롤 모듈

⑤ 상시 전원 → 열선 40A 퓨즈 → 열선 릴레이 → 스마트 정션 박스 → 내부 접지(IPS 접지 제어)

⑥ 상시 전원 → 열선 40A 퓨즈 → 열선 릴레이 포인트 → 열선 미러 10A 퓨즈 → 운전석 아웃 사이드 미러 · 동승석 아웃 사이드 미러 · 리어 디포거 → 접지

④ 뒤 유리 & 아웃 사이드 미러 디포거^(오토 디포거 적용) 회로 점검

(1) 리어 디포거 스위치를 ON시켰을 때 A, B, C, D, E, F, G, H, I, J, K, L, M, N 지점에 걸리는 전압은 얼마인가?

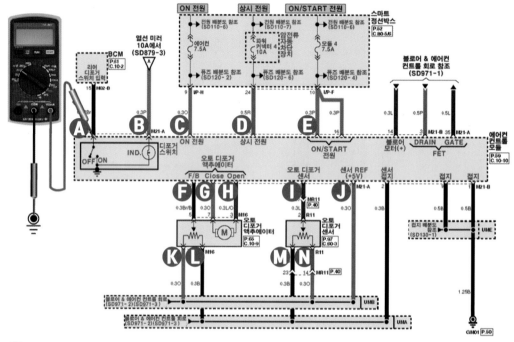

⚙ 정상값 및 불량할 때 정비 방법

점검 요소		정상값	불량할 때 정비 방법
A		12V	A 지점이 불량하면 디포거 스위치 불량 여부를 점검한다.
B, C, D, E		0V	B, C, D, E 지점이 불량하면 전원에서 측정 지점까지의 사이에서 단선되었으므로 퓨즈, 커넥터 이완, 배선의 단선 등을 점검한다.
E		12V	E 지점이 불량하면 상시 전원에서 측정 지점까지의 사이에서 단선이므로 퓨즈 단선. 열선 릴레이 불량, 커넥터 이완, 배선의 단선 등을 점검한다.
F	열림	3±0.15V	F 지점이 불량하면 오토 디포거 액추에이터 및 접지의 연결 상태를 점검한다.
	닫힘	4.7±0.15V	
G		12V	G, H 지점이 불량하면 오토 디포거 액추에이터 모터를 점검한다.
H		12V	
I		0.5~4.5V	I, M, N 지점이 불량하면 접지의 연결 상태 점검 후 이상 없으면 센서를 교환한다.
M		12V	
N		12V	

(2) 리어 디포거 스위치를 ON시켰을 때 A, B, C, D, E, F, G 지점의 전압은 얼마인가?

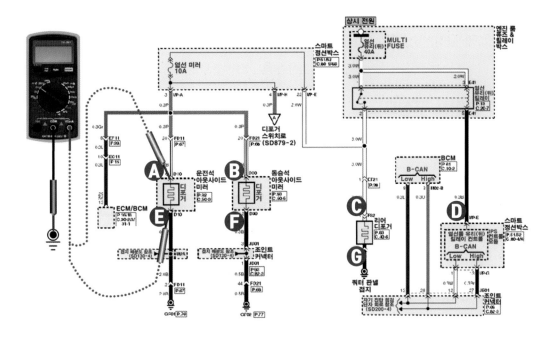

⚙️ 정상값 및 불량할 때 정비 방법

점검 요소	정상값	불량할 때 정비 방법
A, B, C	0V	A, B, C, D 지점이 불량하면 상시 전원에서 측정 지점까지의 사이에서 단선이므로 퓨즈 단선. 열선 릴레이 불량, 커넥터 이완, 배선의 단선 등을 점검한다.
E, F, G	0V	E, F, G 지점이 불량(12V)하면 측정 지점에서 접지까지의 사이에서 단선 되었으므로 접지 연결 상태, 배선의 단선 등을 점검한다. 0.2V 이상 나오면 접지까지 저항이 있고, 12V가 나오면 접지까지의 사이에서 단선이다.

08. 블로어&에어컨 컨트롤^(오토) 회로

① 에어컨 구성도

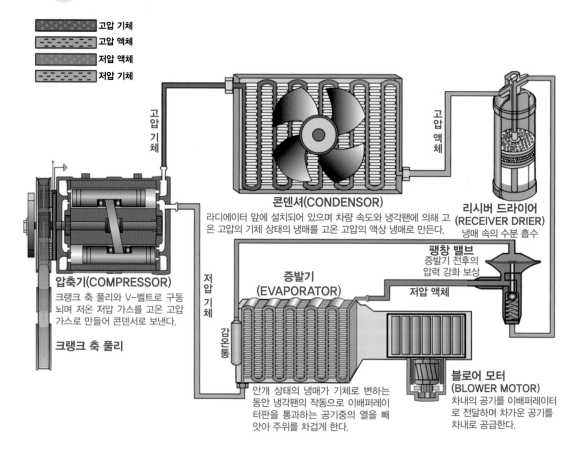

고압 기체
고압 액체
저압 액체
저압 기체

고압 기체

콘덴셔(CONDENSOR)
라디에이터 앞에 설치되어 있으며 차량 속도와 냉각팬에 의해 고온 고압의 기체 상태의 냉매를 고온 고압의 액상 냉매로 만든다.

고압 액체

리시버 드라이어
(RECEIVER DRIER)
냉매 속의 수분 흡수

팽창 밸브
증발기 전후의
압력 강화 보상

저압 액체

압축기(COMPRESSOR)
크랭크 축 풀리와 V-벨트로 구동되며 저온 저압 가스를 고온 고압 가스로 만들어 콘덴서로 보낸다.

크랭크 축 풀리

저압 기체

증발기
(EVAPORATOR)

감온통

안개 상태의 냉매가 기체로 변하는 동안 냉각팬의 작동으로 이배퍼레이터판을 통과하는 공기중의 열을 빼앗아 주위를 차겁게 한다.

블로어 모터
(BLOWER MOTOR)
차내의 공기를 이배퍼레이터로 전달하며 차가운 공기를 차내로 공급한다.

② 블로어 & 에어컨 컨트롤 장치 구성품 기능

(1) 에어컨 프레셔 트랜스듀서

엔진 ECU는 쿨링 팬을 고속 및 저속으로 구동시켜 압력 상승을 방지하고, 냉매 압력이 너무 높거나 낮으면 컴프레서의 작동을 멈춰 에어컨 시스템을 최적화하며 보호하는 장치이다.

(2) 이베퍼레이터 온도 센서

이베퍼레이터 온도 센서는 이베퍼레이터 코어의 온도를 감지하여 이베퍼레이터의 결빙을 방지할 목적으로 이베퍼레이터에 장착된다. 센서 내부는 부특성 서미스터가 장착되어 있어 온도가 낮아지면 저항값은 높아지고 온도가 높아지면 저항값은 낮아진다.

(3) 실내 온도 센서

실내 온도 센서는 히터 & 에어컨 컨트롤 유닛 내에 장착되어 있으며 실내 온도를 감지하여, 토출 온도 제어, 센서 보정, 믹스 도어 제어, 블로어 모터 속도 제어, 에어컨 오토 제어, 난방 기동 제어 등에 이용된다. 실내의 공기를 흡입하여 온도를 감지하여 저항값을 변화시키면 그에 상응한 전압 차가 자동 온도 조절 모듈에 전달된다.

(4) 포토 센서

① 포토 센서(일광 센서)는 디프로스트 노즐 중앙에 위치해 있다.
② 일광 센서는 포토 센서와 오토 라이트 센서의 기능을 합친 복합 센서이며, 광기전성 다이오드를 내장하고 있다. (일사량 감지). 발광은 빛이 받아들여지는 부분에 나타나며 발광의 양에 비례하여 전기력이 발생되고 이 전기력이 자동 온도 조절 모듈에 전달되어 풍량 및 토출 온도를 보상한다.

(5) 외기 온도 센서

콘덴서 전방부에 장착되어 있으며 외기의 온도를 감지한다. 온도가 올라가면 저항값이 내려가고 온도가 내려가면 저항값이 올라가는 부특성 서미스터 타입이다. 토출 온도 제어, 센서 보정, 온도 조절 도어 제어, 블로어 모터 속도 제어, 믹스 모드 제어, 차내 습도 제어 등에 이용된다.

(6) 오토 디포거 센서

오토 디포깅 센서는 차량 앞 유리에 장착되어 습기를 감지하여 포깅 발생 전 조기에 제거 기능을 수행하며 시계 확보 및 쾌적성을 향상시킨다.

(7) 클러스터 이오나이저

클러스터 이오나이저는 실내 및 에어컨의 냄새를 살균·분해하여 차량내 공기 청정 기능을 한다. 외부 유입 및 에어컨 냄새를 유발하는 곰팡이 균의 활동을 억제하는 기능을 수행한다.

(8) PTC 히터

PTC$^{\text{Positive Temperature Coefficient}}$는 온도에 민감한 비례 저항 변화를 가진 소자라는 이름으로 고효율 디젤 엔진에서의 부족한 실내 난방 열원을 보충하기 위한 보조 난방 장치로 PTC 소자(A)를 이용한 전기식 히터이다.

PTC 히터를 히터 코어 후면부에 장착하여 히터 코어를 통과하는 공기를 직접 가열하여 실내를 난방하는 방식이다. 작동 원리는 ECU에서 PTC ON SIGNAL 출력하여 PTC를 15초 간격으로 1단에서 3단까지 동작하여 히터 코어를 통과한 공기를 가열한다.

(9) 온도 조절 액추에이터

히터 유닛에는 모드 조절 액추에이터와 온도 조절 액추에이터가 장착되어 있다. 컨트롤 스위치에 의해 작동되며, 온도 조절 도어의 위치를 제어하여 토출 공기의 온도를 조절한다.

(10) 모드 조절 액추에이터

히터 유닛에 장착된 모드 조절 액추에이터는 운전자가 컨트롤 패널에 입력한 신호에 따라 에어컨의 풍향 모드를 조절한다.

모드 도어를 움직이는 액추에이터 모터와 모드 도어의 위치를 감지하는 포텐셔미터로 구성되어 있으며, 컨트롤 패널의 조작에 따라 모드 조절 액추에이터는 Vent → Bi-Level → Floor → Mix의 순서로 풍향 모드를 변경한다.

(11) 오토 디포깅 액추에이터

오토 디포깅 시스템은 김 서림을 미리 감지해서 없애 주는 시스템이다. 김 서림을 센서가 감지해서, 외부 공기 유입이나 공조 시스템을 알아서 작동시켜 김이 서리지 않도록 해 주는 오토 디포깅 엑추에이터가 장착 되어있다.

(12) 파워 모스펫

DATC 사양에 장착되며 블로어 모터에 인가되는 인가 전압을 정밀하게 제어하여 팬이 회전하는 세기를 조절해 주는 역할을 한다. 에어컨은 파워 모스펫의 게이트 단자를 제어하여 블로어 모터의 속도를 제어한다.

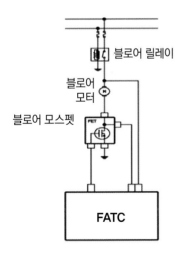

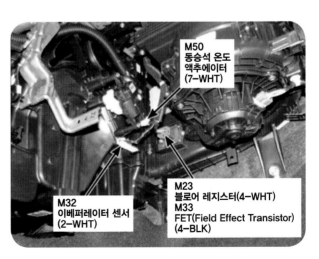

(13) 블로어 레지스터

매뉴얼Manual 히터 컨트롤의 블로어 스위치 조작에 의해 레지스터의 저항을 거쳐 전류의 양을 조절 함으로써 블로어 모터의 스피드를 제어 할 수 있는 소자이다.

(14) 흡입 액추에이터

흡입 액추에이터는 블로어 유닛에 장착되어 컨트롤 유닛의 신호에 따라 인테이크 도어를 조절한다.

실내·외기 선택 스위치를 누르면 실내 순환 또는 외기 유입 모드로 전환된다.

(15)에어컨 컨트롤 모듈

에어컨 컨트롤러 뒤에 일체로 되어 있다.

(16) 히터 및 에어컨(자동 조절식) 컨트롤러

에어컨 컨트롤러 뒤에 일체로 되어 있다.

① 운전석 온도 조절 버튼

② 앞 유리 서리 제거 버튼

③ 내·외 공기 선택 버튼

④ 작동 표시창

⑤ 전자동 조절 버튼

⑥ 작동 정지 버튼

⑦ 풍량 조절 노브

⑧ 바람 방향 선택 버튼

⑨ 좌·우 온도 독립 제어 버튼

⑩ 동승석 온도 조절 버튼

⑪ 뒤 유리(열선) 서리 제거 선택 버튼

⑫ 에어컨 선택 버튼

(17) 전자동 조절 방법

엔진의 시동을 건 상태에서 다음과 같이 한다.

① 전자동 조절 버튼AUTO을 누르면 작동 표시창 내 표시등이 켜지고 설정된 온도에 따라 작동된다.

② 설정 온도를 바꾸고자 할 때는 온도 조절 노브로 한다.

③ 차 안을 쾌적한 온도로 유지하기 위해서는 계절에 관계 없이 'AUTO'의 사용을 권장 한다. 또한 통상 온도는 23℃ 정도로 설정하기를 권장한다.

▣ 다음의 해당 스위치나 버튼을 조절하면 전자동조절 상태는 유지되면서 해당 버튼의 사항만선택 조건대로 작동한다.

• 풍량 조절 노브 • 에어컨 선택 버튼 • 바람 방향 선택 버튼 • 앞 유리 서리 제거 버튼(한 번 더 눌러 표시등이 꺼지면 전자동 조절 표시등은 다시 켜진다.)

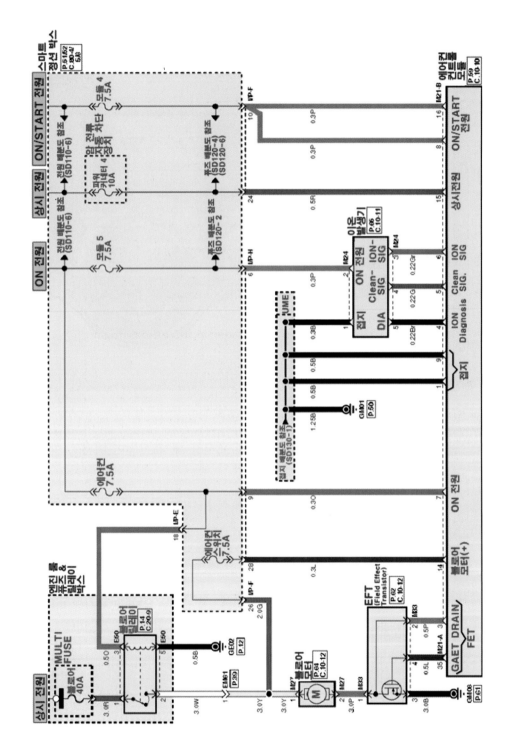

184

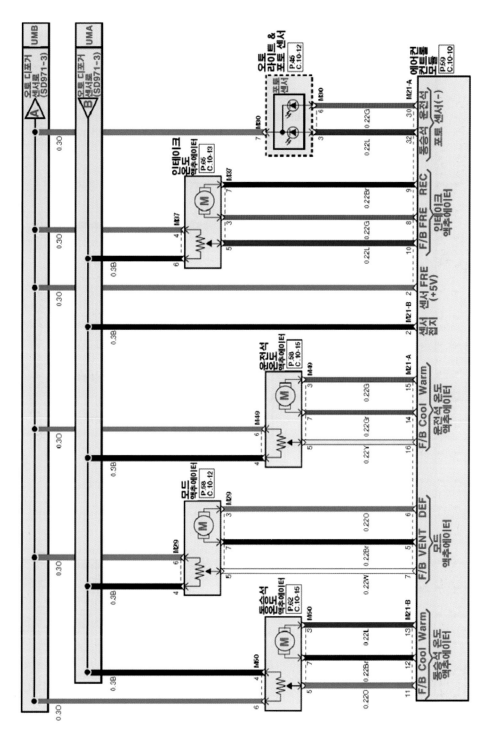

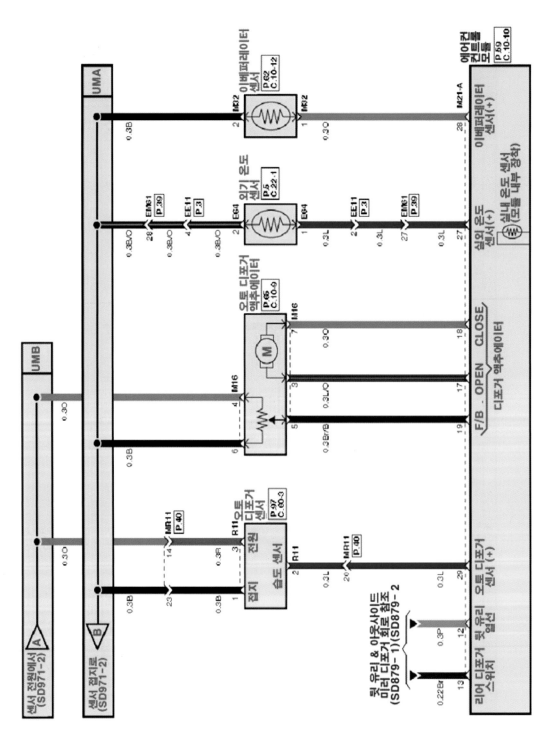

3 블로어 & 에어컨 컨트롤(오토) 회로(4/4)

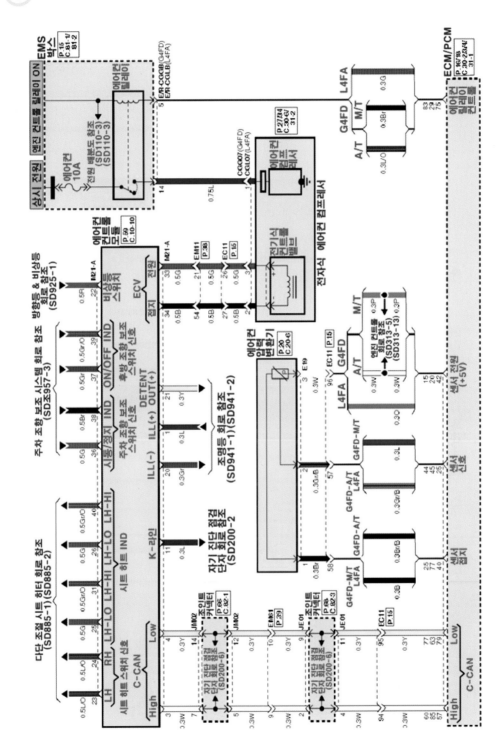

4 블로어 & 에어컨 컨트롤(오토에 선택) 회로 경로(1/4)

❶ 점화 스위치 IG: ON 전원. 상시 전원. ON·START 전원 에어컨 컨트롤 모듈 및 이온 발생기 입력

❷_1. 에어컨 ON: ON 전원 → 에어컨 7.5A 퓨즈 → 블로어 릴레이 → 접지

❷_2. 이온 발생기 작동 상태 및 진단

❸ 블로어 모터: 전계 효과 트랜지스터에 의해 다단으로 작동

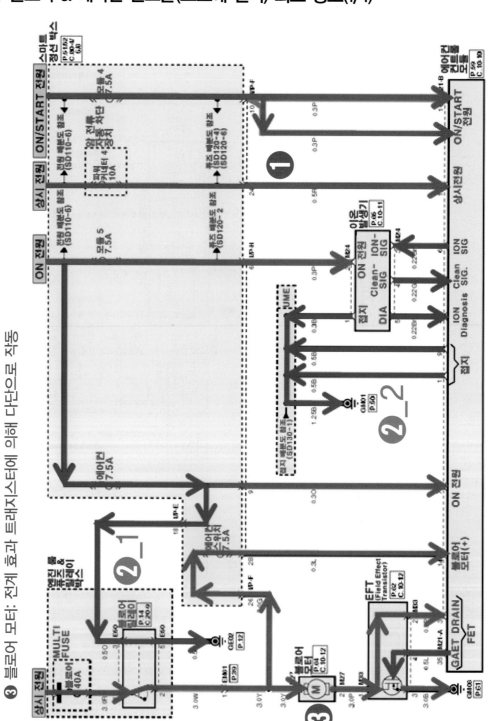

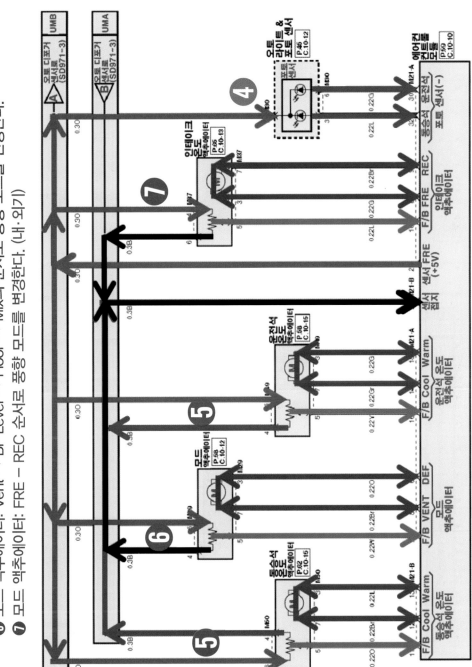

④ 오토 라이트 포토 센서 ⑤ 동승석·운전석 온도 액추에이터: 온도 조절 도어의 위치 제어(냉, 온)

❺ 모드 액추에이터: Vent → Bi-Level → Floor → Mix의 순서로 풍향 모드를 변경한다.

❻ 모드 액추에이터: FRE - REC 순서로 풍향 모드를 변경한다. (내·외기)

• **정면**vent • **서리 제거**Defroster: 전면 유리창으로 바람이 나오는 모드 • **믹스**mix: 유리창과 바닥으로 동시에 바람이 나오는 모드

• **벤트**vent: 운전자 얼굴 방향으로 나오는 모드(페이스)face • **풀로어**FLOOR: 바닥으로 바람이 나오는 모드

• **바이레벨**bi-level: 운전자 얼굴 방향과 바닥으로 바람이 나오는 모드

참고

2. 안전 및 편의 장치 회로·경로·점검 **189**

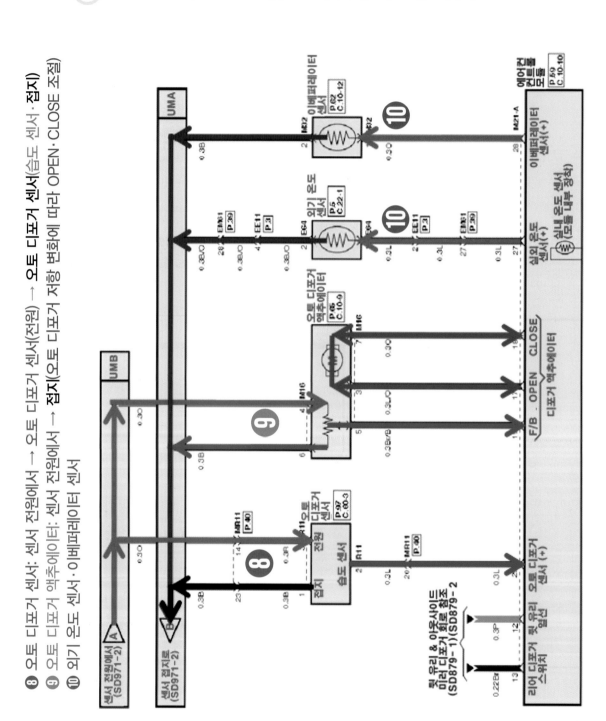

❽ 오토 디포거 센서: 센서 전원에서 → 오토 디포거 센서(전원) → 오토 디포거 센서(습도 센서·접지)

❾ 오토 디포거 액추에이터: 센서 전원에서 → 접지(오토 디포거 저항 변화에 따라 OPEN·CLOSE 조절)

❿ 외기 온도 센서·이베퍼레이터 센서

④ 블로어 & 에어컨 컨트롤(오토에 선택) 회로 경로(4/4)

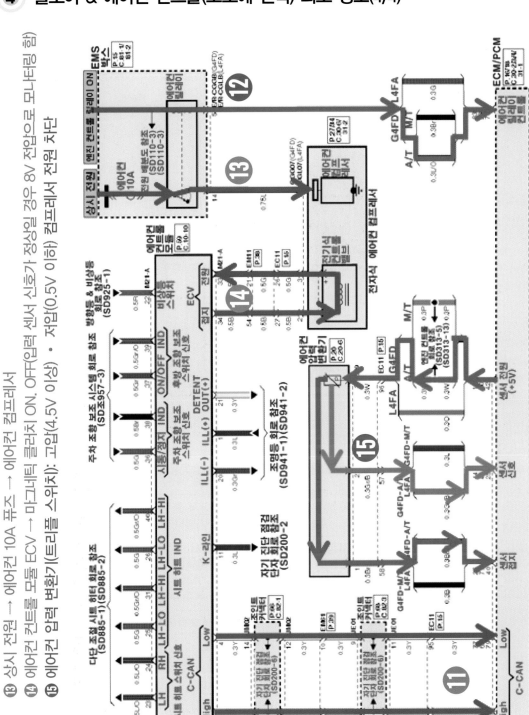

⑪ 에어컨 컨트롤 모듈에서 에어컨 작동 상태 → C-KAN 통신 → ECM·PCM

⑫ 엔진 컨트롤 릴레이 ON → 에어컨 릴레이 → ECM·PCM(에어컨 릴레이 컨트롤 접지 제어)

⑬ 상시 전원 → 에어컨 10A 퓨즈 → 에어컨 컴프레서

⑭ 에어컨 컨트롤 모듈 ECV → 마그네틱 클러치 ON. OFF(엽력 센서 신호가 정상일 경우 8V 전압으로 모니터링 함)

⑮ 에어컨 압력 변환기(트리플 스위치): 고압(4.5V 이상) · 저압(0.5V 이하) 컴프레서 전원 차단

2. 안전 및 편의 장치 회로·경로·점검 **191**

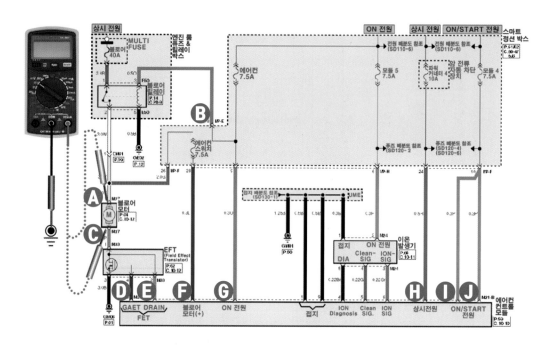

⑤ 블로어 & 에어컨 컨트롤(오토) 회로 점검

(1) 에어컨 스위치를 ON시켰을 때(블로어 모터: 수동 조작) A, B, C, F, G, H, I, J 지점에 걸리는 전압은 얼마인가?

⚙ 정상값 및 불량할 때 정비 방법

점검 요소	정상값	불량할 때 정비 방법
A	12V	A 지점이 불량하면 상시 전원에서 측정 지점까지의 사이에서 단선이므로 퓨즈 단선. 블로어 릴레이 불량, 커넥터 이완, 접지 연결 상태 등을 점검한다.
B	12V	B 지점이 불량하면 ON 전원에서 측정 지점까지의 사이에서 단선이므로 퓨즈 단선. 블로어 릴레이 불량, 커넥터 이완, 접지 연결 상태 등을 점검한다.
C	3.3~12V	C 지점이 불량하면 블로어 모터 혹은 EFT 단품을 점검한다.
F	12V	F 지점이 불량하면 ON 전원에서 측정 지점까지의 사이에서 단선이므로 퓨즈 단선. 커넥터 이완 등을 점검한다.
G	0V	G 지점이 불량하면 ON 전원에서 측정점까지의 사이에서 단선이므로 퓨즈 단선. 커넥터 이완 등을 점검한다.
H, I, J	12V	H, I, J 지점이 불량하면 상시 전원 및 ON·START 전원에서 측정 지점까지의 사이에서 단선이므로 퓨즈 단선. 커넥터 이완 등을 점검한다.

(2) 에어컨 스위치를 ON시켰을 때 A, B, C, D, E, F, G, H 지점에 걸리는 전압은 얼마인가?

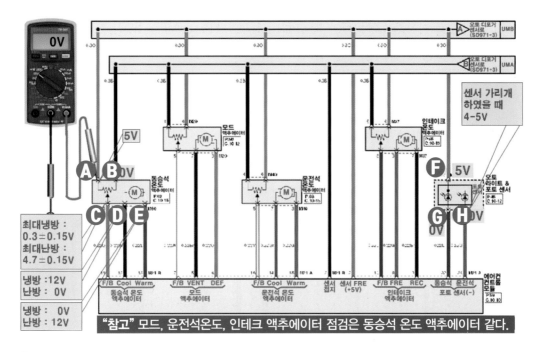

정상값 및 불량할 때 정비 방법

점검 요소		정상값	불량할 때 정비 방법
A		5V	A 지점이 불량하면 상시 전원에서 측정 지점까지의 사이에서 단선이므로 퓨즈 단선, 블로어 릴레이 불량, 커넥터 이완, 접지 연결 상태 등을 점검한다.
B		0V	B 지점이 불량하면 ON 전원에서 측정 지점까지의 사이에서 단선이므로 퓨즈 단선, 블로어 릴레이 불량, 커넥터 이완, 접지 연결 상태 등을 점검한다.
C	최대 냉방	0.3±0.15V	C 지점이 불량하면 블로어 모터 혹은 EFT 단품을 점검한다.
C	최저냉방	4.7±0.15V	
F	냉방	12V	F 지점이 불량하면 ON 전원에서 측정 지점까지의 사이에서 단선이므로 퓨즈 단선, 커넥터 이완 등을 점검한다.
F	난방	0V	
G	냉방	12V	G 지점이 불량하면 ON 전원에서 측정 지점까지의 사이에서 단선이므로 퓨즈 단선, 커넥터 이완 등을 점검한다.
G	난방	0V	
F		5V	F 지점이 불량하면 컨트롤 모듈 센서 5V 전원에서 F 지점까지의 사이에서 단선 되었으므로 커넥터 이완, 배선의 단선 등을 점검한다.
G		0V	G, H 지점이 불량하면 오토 라이트 포토 센서를 점검한다. 센서에 점검은 센서 가리개 하고 전압이 4~5V 나오는가 점검한다.
H		0V	

(3) 에어컨 스위치를 ON시켰을 때 A, B, C, D, E, F, G, H, I, J, K, L 지점에 걸리는
전압은 얼마인가?

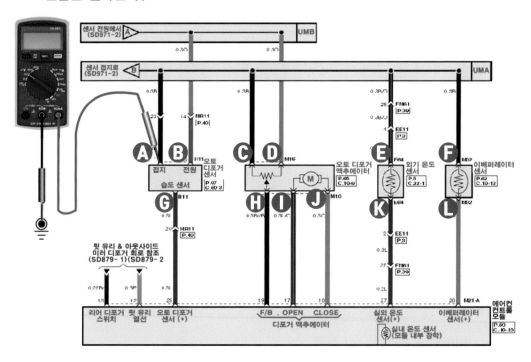

⚙ 정상값 및 불량할 때 정비 방법

점검 요소		정상값	불량할 때 정비 방법
A, C		0V	A, C 지점이 불량하면 측정 지점에서 접지까지의 사이에서 단선이므로 커넥터 이완, 접지의 연결 상태 등을 점검한다.
B, D		5V	B, D 지점이 불량하면 센서 전원에서 측정 지점까지의 사이에서 단선이므로 커넥터 이완, 배선의 단선 등을 점검한다.
G		0.61~3.5V	G 지점이 불량하면 오토 디포거 센서의 불량이다.
H	열림	0.3±0.15V	H 지점이 불량하면 오토 디포거 액추에이터의 불량이다.
	닫힘	4.7±0.15V	
I		0V~5V	I, J 지점이 불량하면 오토 디포거 액추에터 (모터)의 불량이다.
J		5V~0V	
E, F		0V	E, F 지점이 불량하면 측정 지점에서 접지까지의 사이에서 단선이므로 커넥터 이완, 접지의 연결 상태 등을 점검한다.
K		0.61~3.5V	K 지점이 불량하면 외기 온도 센서의 고장이다.
L		0.61~3.5V	L 지점이 불량하면 이베퍼레이터 센서의 고장이다.

(4) 공전 상태에서 에어컨 스위치를 ON시켰을 때 A, B, C, D, E, F, G 지점에 걸리는 전압은 얼마인가?

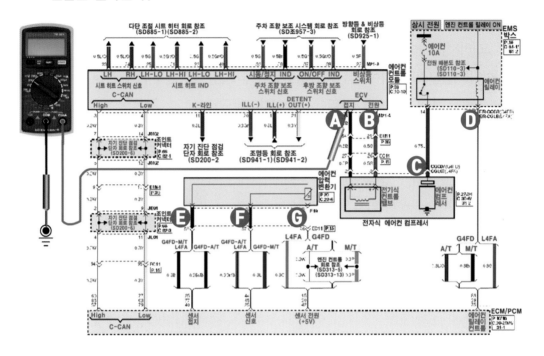

⚙ 정상값 및 불량할 때 정비 방법

점검 요소	정상값	불량할 때 정비 방법
A	0V	A, B 지점이 불량하면 배선의 단선 및 커넥터의 이완을 점검한 후 이상이 없으면 전기식 컨트롤 밸브 고장이다.
B	12V	
E	0V	E 지점이 불량하면 에어컨 압력 변환기의 불량이다.
F		출력전압: 0.00878835 X 압력(psi)+0.5 공전 때: 고압 200PSi이면 0.00878835 X 200+0.5 ≒ 2.26V F 지점이 불량하면 에어컨 압력 변환기 불량이다
G	5V	G 지점이 불량하면 에어컨 압력 변환기 불량이다
C	12V	A 지점이 불량하면 상시 전원에서 측정 지점까지의 사이에서 단선이므로 퓨즈 단선. 커넥터 이완 등을 점검한다.
D	12V	D 지점이 불량하면 컨트롤 릴레이 ON 전원에서 측정 지점까지의 사이에서 단선이므로 퓨즈의 단선, 커넥터의 이완 등을 점검한다.

09. 블로어&에어컨 컨트롤^{매뉴얼} 회로

① 블로어 & 에어컨 컨트롤(매뉴얼) 개요

(1) 히터 및 에어컨 컨트롤러(수동 조절식)

① 앞 유리 서리 제거 버튼

② 바람 방향 선택 버튼

③ 뒤 유리(열선) 서리 제거 선택 버튼

④ 최대 냉방(MAX A/C) 선택 버튼

⑤ 내·외 공기 선택 버튼

⑥ 온도 조절 노브

⑦ 풍량 조절 노브

⑧ 에어컨 선택 버튼

(2) 히터 및 에어컨 조절 방법(엔진 시동 상태에서 다음과 같이 조절한다)

① 바람의 방향 선택 버튼을 눌러 원하는 위치로 바람의 방향을 선택한다.

② 온도 조절 노브를 돌려 원하는 온도를 설정한다.

③ 내·외 공기 선택 버튼을 눌러 실내 순환 또는 외기 유입을 선택한다.

④ 풍량 조절 노브를 돌려 원하는 풍량으로 한다.

⑤ 에어컨 사용을 원하면 에어컨 선택 버튼을 누른다.

시동을 꺼도 버튼 설정 상태가 유지된다. 그러나 배터리 케이블이 분리되면 버튼의 이전 설정 상태가 지워져 초기화되므로 버튼을 눌러 다시 원하는 상태로 재설정하여야 한다.

② 블로어 & 에어컨 컨트롤(매뉴얼) 회로(1/3)

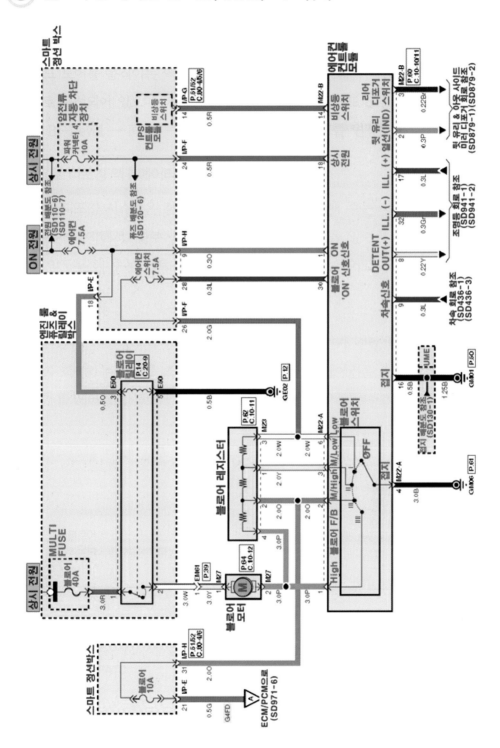

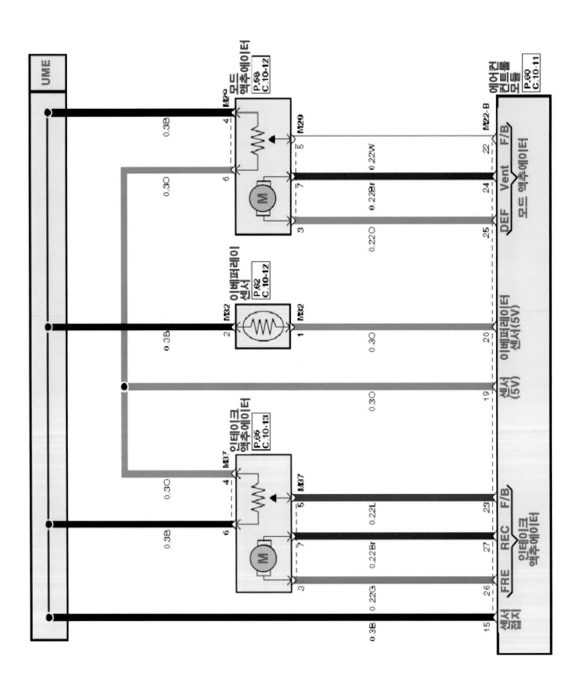

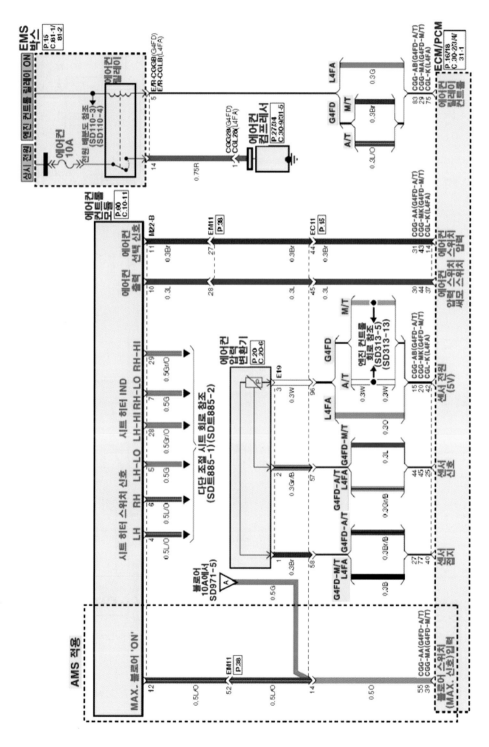

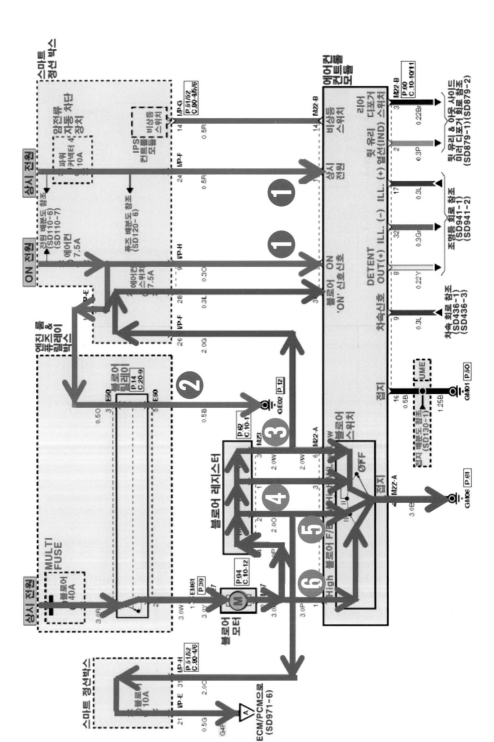

❶ 점화 스위치 ON: ON 전원 → 에어컨 7.5A 퓨즈 → 에어컨 컨트롤 모듈(ON 신호)
  : 상시 전원 → 파워 커넥터 4 10A 퓨즈 → 에어컨 컨트롤 모듈(상시 전원)

❷ 에어컨 ON: 블로어 40A 퓨즈 → ON 전원 → 에어컨 7.5A 퓨즈 → 블로어 릴레이 → 접점

❸ 블로어 모터 1단 **❹** 블로어 모터 2단 **❺** 블로어 모터 3단 **❻** 블로어 모터 4단

❶ 인테이크 액추에이터 구동: 에어컨 컨트롤 모듈(센서 5V) → 인테이크 액추에이터 저항 → 에어컨 컨트롤 모듈(감지)

● 인테이크 액추에이터 저항 변화에 따라 FRE(외기 순환) · REC(내기 순환) 조절

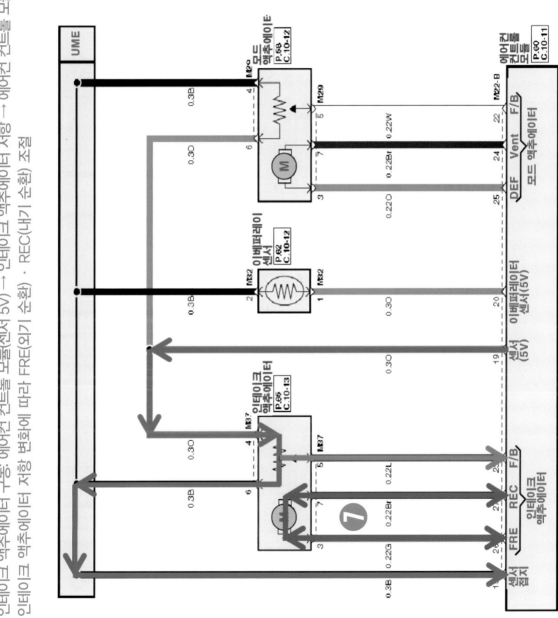

❽ 이베퍼레이터 센서: 에어컨 컨트롤 모듈(이베퍼레이터 센서 5V) → 이베퍼레이터 센서 → 에어컨 컨트롤 모듈(센서 접지)

UME

무드 액추에이터
P.58
C.10-12

이베퍼레이
센서
P.62
C.10-12

인테이크
액추에이터
P.65
C.10-13

에어컨
컨트롤
모듈
P.60
C.10-11

0.3B	4 M29
0.3O	6
	3

0.22W
0.28Br
0.22O

22 DEF Vent F/B
24
25

M22-B 모드 액추에이터

0.3B | 2 M32 | 1 M32
0.3O | 20 이베퍼레이터 센서(5V)
0.3O | 19 센서(5V)

❽

0.3O | 4 M37
0.3B | 6

0.22L | 5 M37
0.22Br | 7
0.22G | 3

23 REC F/B
27 인테이크 액추에이터
26 FRE

0.3B | 1 센서 접지

③ 블로어 & 에어컨 컨트롤(매뉴얼) 회로 경로(4/5)

⑨ 모드 액추에이터 구동: 에어컨 컨트롤 모듈(센서 5V) → 모드 액추에이터 저항 → 모드 액추에이터 → 모드 액추에이터 모듈(센서 5V) → 모드 액추에이터 저항 → 에어컨 컨트롤 모듈(정지)

• 모드 액추에이터 저항이 변화에 따라 모드 조절 액추에이터는 VENT → BI·LEVEL → FLOOR → MIX 순서
로 풍향 모드를 변경한다.

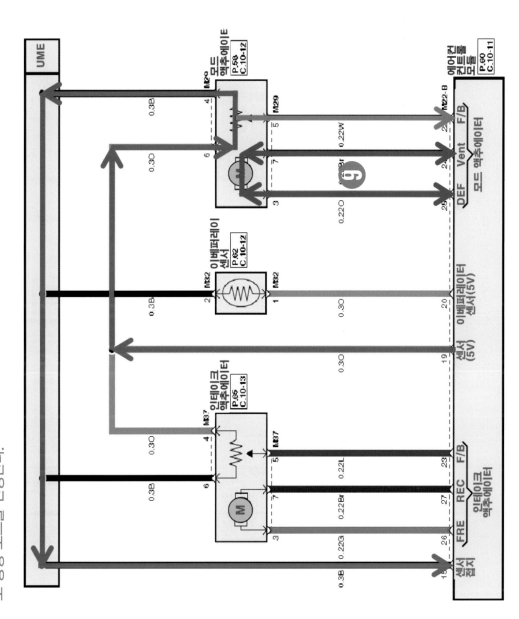

③ 블로어 & 에어컨 컨트롤(매뉴얼) 회로 경로(5/5)

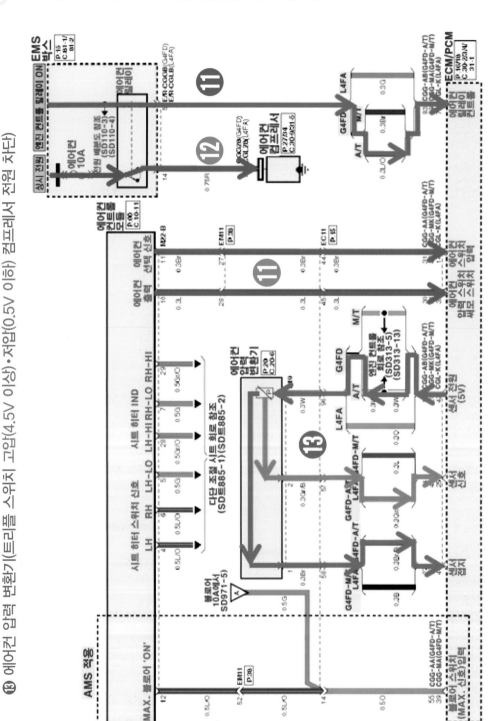

⑩ 에어컨 ON 및 선택 신호: 에어컨 출력 · 에어컨 선택 신호 → ECM·PCM(압력 스위치·에어컨 스위치)

⑪ 엔진 컨트롤 릴레이 ON → 에어컨 릴레이 → ECM/PCM(에어컨 릴레이 컨트롤)

⑫ 상시 전원 → 에어컨 10A 퓨즈 → 에어컨 컴프레서(컴프레서 구동)

⑬ 에어컨 압력 변환기(트리플 스위치 고압(4.5V 이상)·저압(0.5V 이하) 컴프레서 전원 차단)

④ 블로어 & 에어컨 컨트롤(매뉴얼) 회로 점검

(1) 에어컨 스위치를 ON시킨 후 블로어 스위치 1~4단 일 때 A, B, C, D. E, F, G, H
지점에 걸리는 전압은 얼마인가?

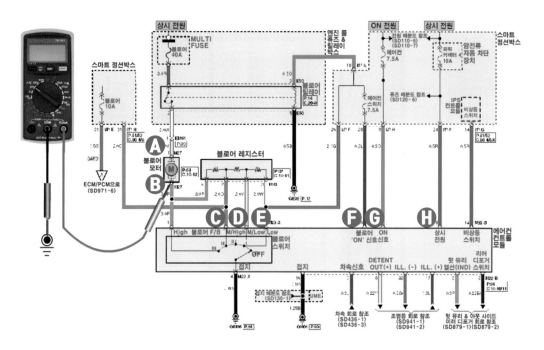

⚙ 정상값 및 불량할 때 정비 방법

점검 요소		정상값	불량할 때 정비 방법
A		0V	A 지점이 불량하면 상시 전원에서 A 지점까지의 사이에서 단선 되었으므로 퓨즈의 단선, 배선의 단선 및 커넥터 이완 등을 점검한다.
B	4단	0V	B, C, D, E 지점이 불량하면, 커넥터 이완, 블로어 레지스터, 블로어 스위치의 불량 여부를 점검한다.
C	3단	3V	
D	2단	6V	
E	1단	9V	
F		12	F 지점이 불량하면 퓨즈 단선, 릴레이 단선, 커넥터 이완 등을 점검한다.
G		12	G 지점이 불량하면 ON 전원에서 H 지점까지의 사이에서 단선 되었으므로 퓨즈 단선, 배선 단선 및 커넥터 이완 등을 점검한다.
H		12	H 지점이 불량하면 상시 전원에서 H 지점까지의 사이에서 단선 되었으므로 퓨즈 단선, 배선 단선 및 커넥터 이완 점검 등을 한다.
I		0V	I 지점이 불량하면 배선의 단선, 커넥터의 이완 등을 점검한다.

(2) 에어컨 스위치를 ON시켰을 때 A, B, C, D, E, F, G, H, I, J, K, L 지점에 걸리는
전압은 얼마인가?

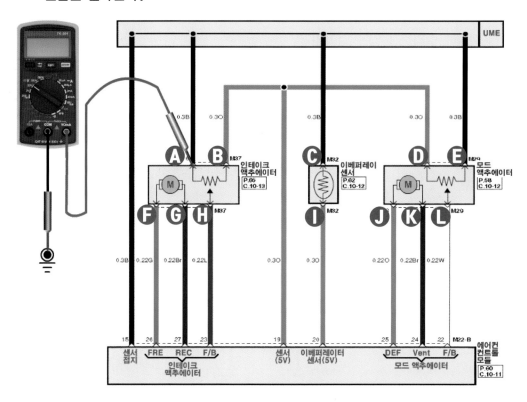

🔧 정상값 및 불량할 때 정비 방법

점검 요소		정상값	불량할 때 정비 방법
A, C, E		0V	A, C, E 지점이 불량하면 측정 지점에서 접지까지의 사이에서 단선 되었으므로 커넥터 이완. 접지의 연결 상태 등을 점검한다.
B, D		5V	B, D 지점이 불량하면 센서 전원에서 측정 지점까지의 사이에서 단선 되었으므로 커넥터 이완. 배선의 단선 등을 점검한다.
F, G		0~5V 5~0V	F, G 지점이 불량하면 배선 단선, 커넥터 이완 등을 점검한 후 이상이 없으면 인테이크 액추에이터 모터 불량이다.
B	외기	0.3±0.15V	B, C 지점이 불량하면 인테이크 액추에이터 (저항 단선 등) 불량이다.
C	내기	4.7±0.15V	
I		12V	1 지점이 불량하면 이베퍼레이터 센서 불량이다.
J, k		12V	J, K 지점이 불량하면 배선의 단선, 커넥터 이완 등을 점검한 후 이상이 없으면 모드 액추에이터 모터 불량이다.
L	벤트	0.3±0.15V	L 지점이 불량하면 배선의 단선, 커넥터 이완 등을 점검한 후 이상이 없으면 모드 액추에이터 (저항) 불량이다.
	디프 로스터	4.7±0.15V	

(3) 공전 상태에서 에어컨 스위치를 ON시켰을 때 A, B, C, D, E, F, G, H 지점에 걸리는 전압은 얼마인가?

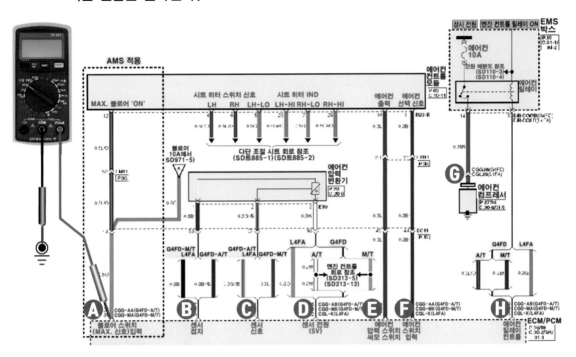

⚙ 정상값 및 불량할 때 정비 방법

점검 요소		정상값	불량할 때 정비 방법
A		12V	A 지점이 불량하면 커넥터의 이완, 배선의 단선 등을 점검한다.
B, D		5V	B, D 지점이 불량하면 센서 전원에서 측정 지점까지의 사이에서 단선 되었으므로 커넥터 이완, 배선의 단선 등을 점검한다.
C	고압 200PSI	2.26V	● 출력 전압: 0.00878835 X 압력(psi) + 0.5 ● 공전 때: 고압 200PSi이면 0.00878835 X 200+0.5 ≒ 2.26V C 지점이 불량하면 에어컨 압력 변환기 불량이다
E, F		12V	E, F 지점이 불량하면 커넥터 이완. 배선의 단선 등을 점검한다.
G		12V	G 지점이 불량하면 상시 전원에서 G 지점까지의 사이에서 단선 되었으므로 퓨즈 단선, 에어컨 릴레이 불량, 커넥터 이완 등을 점검한다.
H		12V	H 지점이 불량하면 엔진 컨트롤 ON 전원에서 H 지점까지의 사이에서 단선 되었으므로 에어컨 릴레이 불량, 커넥터 이완 등을 점검한다.

10. 경음기 회로

① 경음기 회로

상시 전원

엔진 룸
퓨즈 &
릴레이
박스

경음기
15A

0.75R

0.75R

0.75R

3

1 E48

경음기
릴레이

P.13
C.20-9

5

2 E48

0.3W

0.75G

44 EM11

P.38

1 EE11

P.3

0.22W

0.85G

12 M01-R

다기능
스위치

P.53
C.10-1

2 E61

클락
스프링

경음기

P.5
C.22-1

1 E61

0.85B

스티어링
휠

3 EE11

P.3

경음기
스위치

0.75B

GE01 P.4

② 경음기 회로 경로

❶ 경음기 스위치 ON → 상시 전원 → 경음기 15A 퓨즈 → 경음기 릴레이 → 다기능 스위치 → 경음기 스위치 → 스티어링 휠 내부 접지

❷ 상시 전원 → 경음기 15A 퓨즈 → 경음기 릴레이 포인트 → 경음기 → 접지

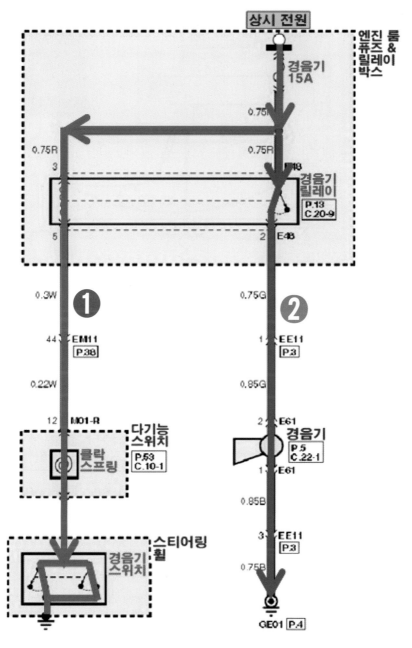

③ 경음기 회로 점검

(1) 경음기 회로에서 아래 그림과 같이 전압 점검하였을 때 A, B, C, D, E, F 지점에 걸리는 전압은 얼마인가? "단" C 지점 점검할 때에는 경음기 스위치 누르고 있으면서 측정한다.

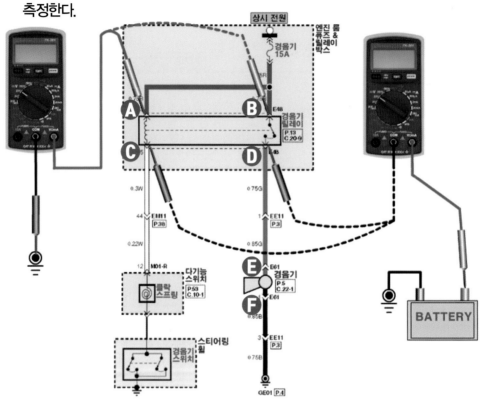

⚙ 정상값 및 불량할 때 정비 방법

점검 요소	정상값	불량할 때 정비 방법
A, B	12V	A, B 지점이 불량하면 상시 전원에서 측정 지점까지의 사이에서 단선 되었으므로 퓨즈의 단선, 커넥터 이완, 배선의 단선 등을 점검한다.
C	5V	C 지점이 불량하면 C 지점에서 스티어링 휠 자체 접지까지의 사이에서 단선 되었으므로 경음기 스위치 불량, 커넥터 이완, 배선의 단선 등을 점검한다.
D, E	12V	D, E 지점이 불량하면 상시 전원에서 측정 지점까지의 사이에서 단선 되었으므로 퓨즈 단선, 경음기 릴레이 단선, 커넥터 이완, 배선의 단선 등을 점검한다.
F	0V	F 지점이 불량하면 F 지점에서 접지까지의 사이에서 단선 되었으므로 커넥터 이완, 접지 연결 상태 등을 점검한다.

11. 앞 유리 와이퍼 & 와셔 회로(레인 센서 미적용)

① 앞 유리 와이퍼 & 와셔

(1) 와이퍼 스위치 및 모터 구조

프런치 와이퍼 스위치●

MIST 스위치를 위로 올리고 있는 동안 와이퍼가 작동한다. 스위치를 놓으면 OFF위치로 복귀한다.

OFF 와이퍼 작동이 중지된다.

AUTO 차량속도 또는 비의 양(레인 센싱 와이퍼)에 따라 와이퍼 작동 속도가 자동으로 조절된다.

LO O위치에 놓으면 와이퍼가 저속으로 작동한다.

HI HI위치에 놓으면 와이퍼가 고속으로 작동한다.

프런치 와이퍼 작동 속도 조절 스위치

프런치 와이퍼 스위치를 AUTO 위치에 놓고 와이퍼 작동 속도 조절 스위치를 FAST 방향으로 돌리면 와이퍼 작동 속도가 빨라지고 SLOW방향으로 돌리면 와이퍼 작동 속도가 느려진다.

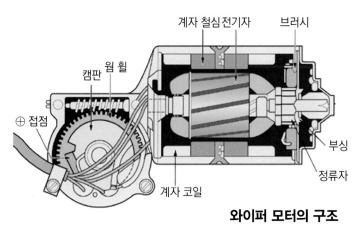

와이퍼 모터의 구조

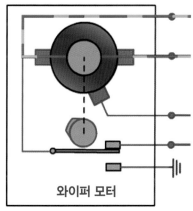

와이퍼 모터

(2) 와이퍼 모터 작동원리

① 저속에서의 작동

저속으로 작동할 때에는 와이퍼 스위치를 LO에 넣으면 직권 코일series coil과 분권 코일shut coil에 전류가 흘러 복권 전동기로 작동한다.

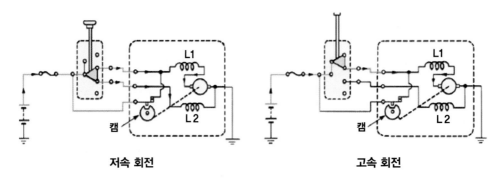

저속 회전   고속 회전

② 고속에서의 작동

고속으로 작동할 때에는 와이퍼 스위치를 HI에 넣으면 직권 코일에 전류가 공급되어 전동기는 직권 전동기로 작동한다.

(3) 레인 센서

레인 센서 와이퍼 제어 장치는 와이퍼 전동기 구동 시간을 전자 제어 시간 경보 장치가 앞 창유리의 상단 안쪽 부분에 설치된 레인 센서와 컴퓨터에서 강우량을 검출하여 운전자가 와이퍼 스위치를 조작하지 않아도 와이

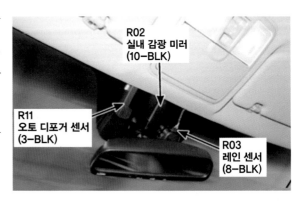

퍼 전동기의 작동 시간 및 저속·고속을 자동적으로 제어하는 방식이다.

레인 센서의 작동 원리는 발광 다이오드LED와 포토다이오드에 의해 비의 양을 검출한다. 즉 발광 다이오드로부터 적외선이 방출되면 유리 표면의 빗물에 의해 반사되어 돌아오는 적외선을 포토다이오드가 검출하여 비의 양을 검출한다.

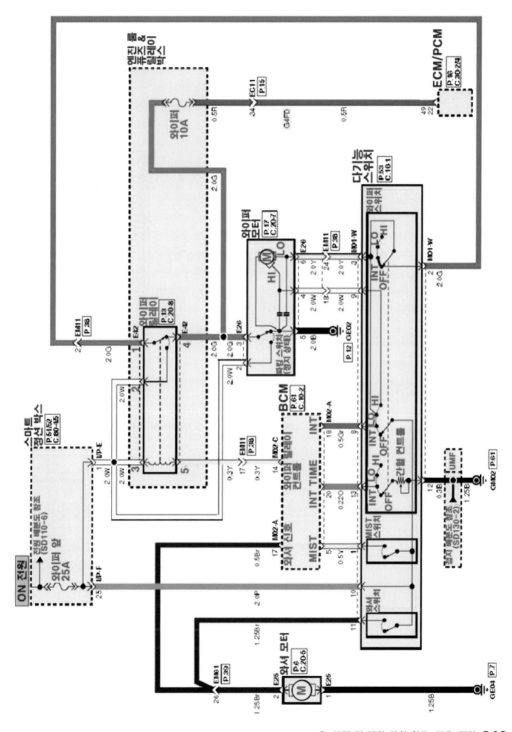

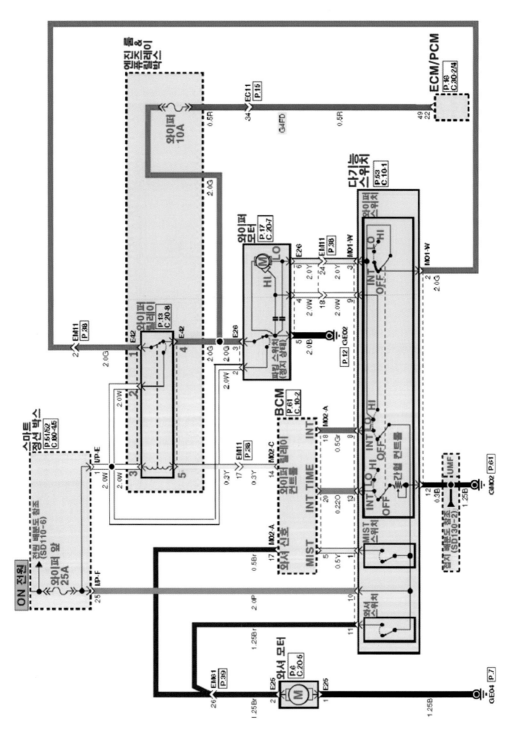

❶ 와이퍼 LO: ON 전원 → 와이퍼 앞 25A 퓨즈→ 와이퍼 스위치 LO → 와이퍼 모터 LO → 접지
                                          └"C" S/W → ECM)

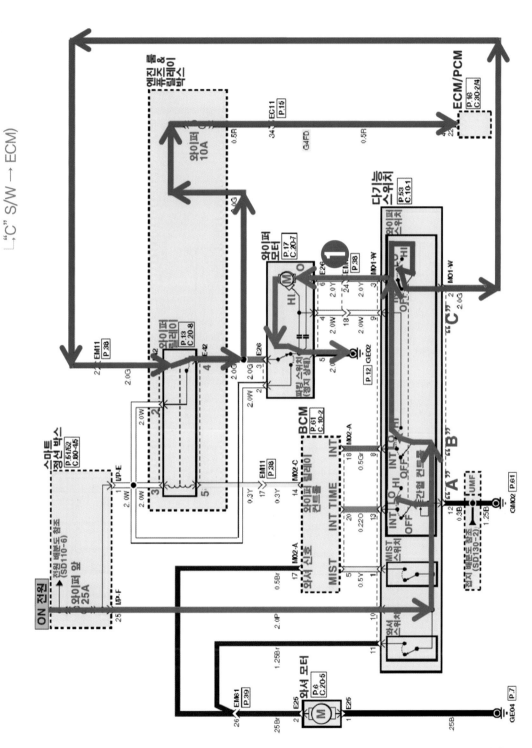

③ 앞 유리 와이퍼 & 와셔 회로 경로(2/8)

❷ 와이퍼 HI: ON 전원 → 와이퍼 앞 25A 퓨즈 → 와이퍼 스위치 HI → 와이퍼 모터 HI → 접지

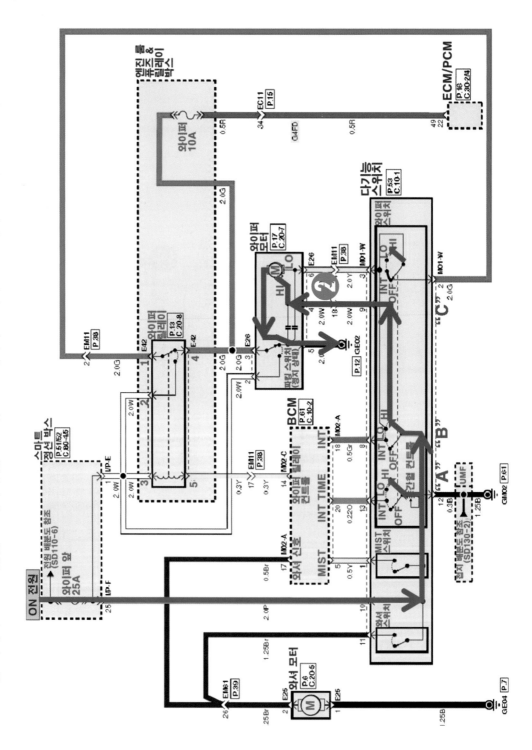

216

③ 앞 유리 와이퍼 & 와셔 회로 경로(3/8)

③_1. 와이퍼 INT: BCM(INT · INT TIME) → 다기능 스위치(INT · INT TIME 간헐 컨트롤) → 접지
③_2. BCM 와이퍼 릴레이 컨트롤 접지 제어: ON 전원 → 와이퍼 릴레이 → BCM 와이퍼 릴레이 컨트롤
③_3. ON 전원 → 와이퍼 릴레이 포인트 → 다기능 스위치(INT) → 와이퍼 모터 LO → 접지

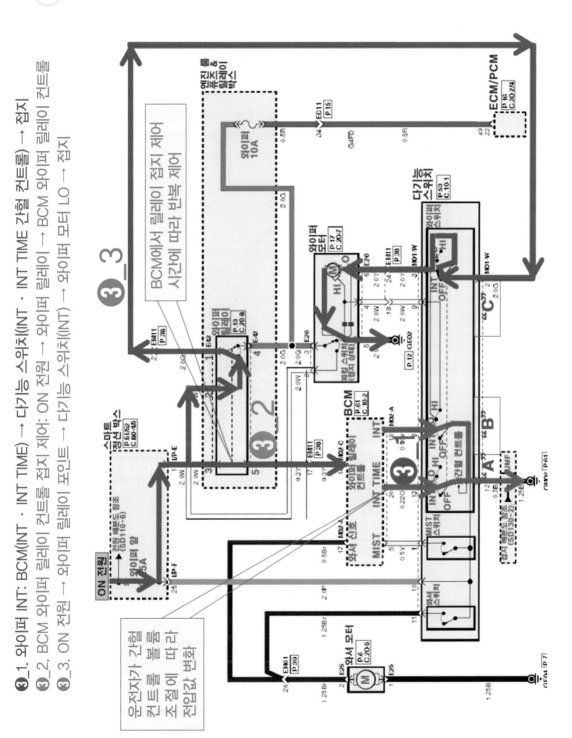

❹_1. 와이퍼 와셔: ON 전원 → 와셔 스위치→ 와셔 모터 및 BCM → 접지
❹_2. BCM 와이퍼 릴레이 컨트롤 접지 제어: ON 전원 → 와이퍼 릴레이 → BCM 와이퍼 릴레이 컨트롤
❹_3. ON 전원 → 와이퍼 릴레이 포인트 → 다기능 스위치(INT) → 와이퍼 모터 LO → 접지

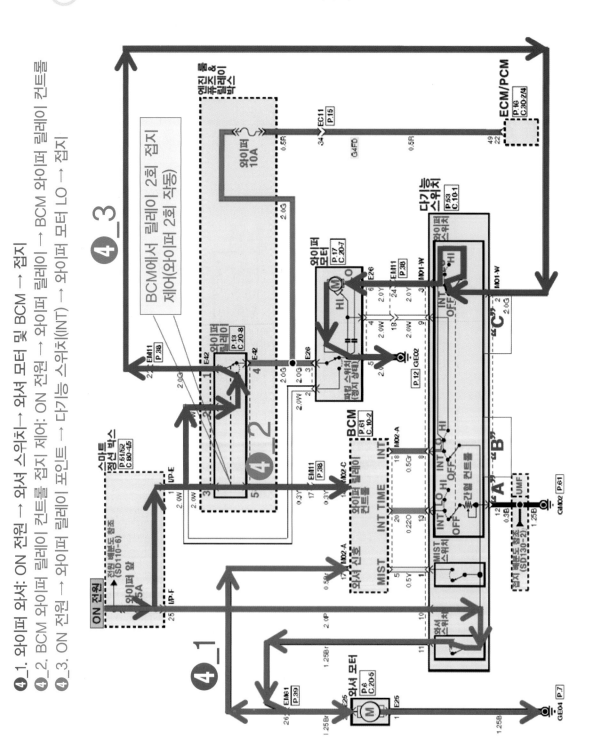

③ 앞 유리 와이퍼 & 와셔 회로 경로(5/8)

⑤_1. 와이퍼 MIST: ON 전원 → MIST 스위치 → BCM(MIST)
⑤_2. BCM 와이퍼 릴레이 컨트롤 접지 제어: ON 전원 → 와이퍼 릴레이 → BCM 와이퍼 릴레이 컨트롤
⑤_3. ON 전원 → 와이퍼 릴레이 포인트 → 다기능 스위치(INT) → 와이퍼 모터 LO → 접지

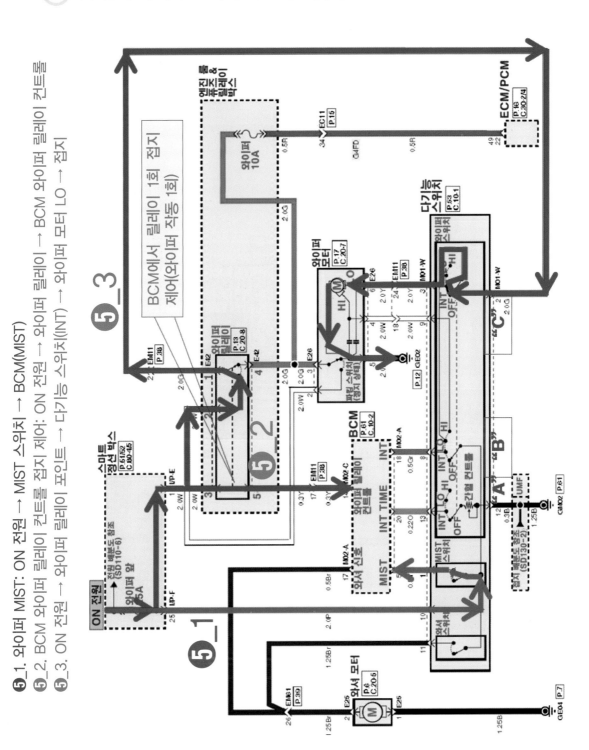

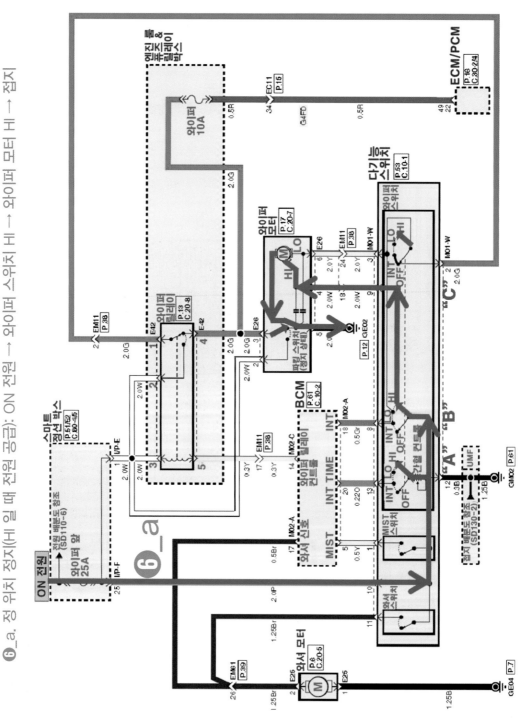

6_a. 정 위치 정지(H 일 때 전원 공급): ON 전원 → 와이퍼 스위치 HI → 와이퍼 모터 HI → 와이퍼 모터 HI → 접지

220

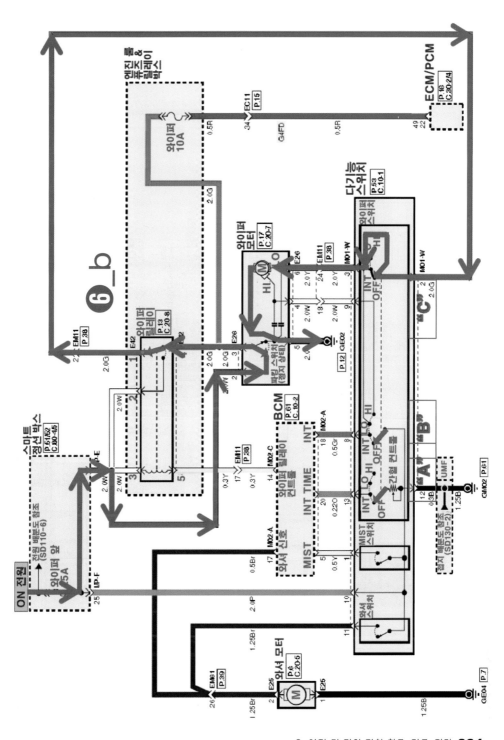

⑥_b. 와이퍼 HI 스위치를 OFF시켰으나 모터가 회전중 일 때 전원 공급

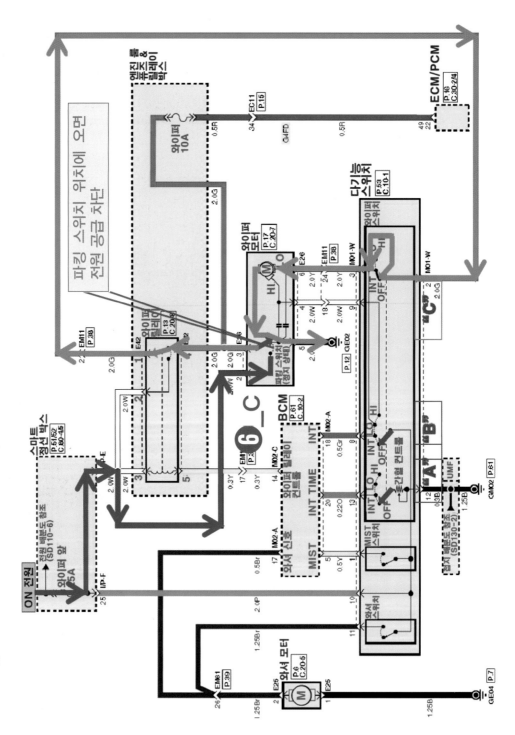

6_C. 와이퍼 HI 스위치 OFF 후 파킹(정지) 위치 왔을 때 전원 공급 중단

④ 앞 유리 와이퍼 & 와셔 회로(레인 센서 미적용) 점검

(1) 다기능 스위치 HI(I, F, E 지점), LO(I, G, E 지점), 간헐 컨트롤(I, K, L 지점) 와셔
작동(I, H, A, B 지점) MIST 스위치 ON(I, J 지점)시키고 아래 각 지점의 전압을
점검하였을 때 전압은?

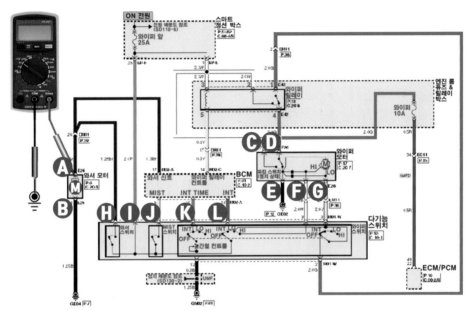

⚙ **정상값 및 불량할 때 정비 방법**

점검 요소		정상값	불량할 때 정비 방법
HI	I	12V	I 지점이 불량하면 ON 전원에서 측정 지점까지의 사이에서 단선 되었으므로 퓨즈 단선, 커넥터 이완, 배선의 단선 등을 점검한다.
	F	12V	F 지점이 불량하면 스위치 불량, 커넥터 이완, 배선의 단선 등을 점검한다.
	E	0V	E 지점이 불량하면 모터 불량, 커넥터 이완, 접지 연결 상태 등을 점검한다.
LO	I	12V	I 지점이 불량하면 ON 전원에서 측정 지점까지의 사이에서 단선 되었으므로 퓨즈 단선, 커넥터 이완, 배선의 단선 등을 점검한다.
	G	12V	G 지점이 불량하면 스위치 불량, 커넥터 이완, 배선의 단선 등을 점검한다.
	E	0V	E 지점이 불량하면 모터 불량, 커넥터 이완, 접지의 연결 상태 등을 점검한다.
간헐 컨트롤	I	12V	I 지점이 불량하면 ON 전원에서 측정 지점까지의 사이에서 단선 되었으므로 퓨즈 단선, 커넥터 이완, 배선의 단선 등을 점검한다.
	K	?	인트 단수에 따라 전압값이 변화하면 양호, 변화하지 않으면 커넥터 이완, 다기능 스위치 불량을 점검한다.
	L	12V	L 지점이 불량하면 커넥터 이완, 다기능 스위치 불량을 점검한다,
MIST	I	12V	I 지점이 불량하면 ON 전원에서 측정 지점까지의 사이에서 단선 되었으므로 퓨즈 단선, 커넥터 이완, 배선의 단선 등을 점검한다.
	J	12V	J 지점이 불량하면 MIST 스위치 불량 여부 및 커넥터 이완 등을 점검한다.

12. 앞 유리 와이퍼 & 와셔 회로(레인 센서 적용)

① 앞 유리 와이퍼 & 와셔 회로 경로

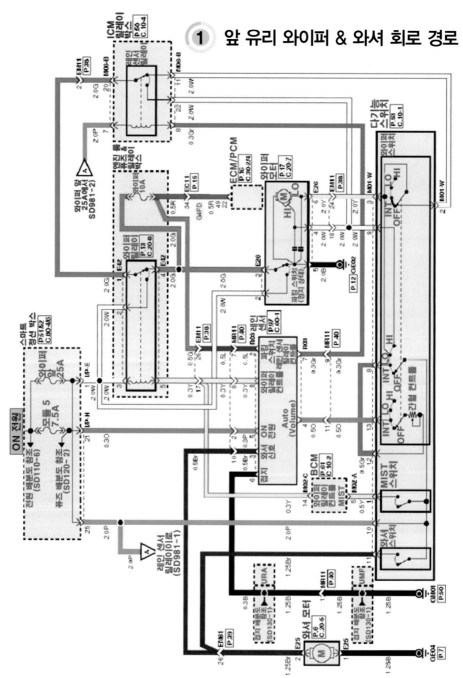

❶ 인트 스위치 AUTO: ON 전원 → 모듈 7.5A 퓨즈 → 간헐 컨트롤 INT → 레인 퓨즈 센서 AUTO(Volume)

❷ 레인 센서 빗물 감지(와이퍼 릴레이 정지 제어): ON 전원 → 와이퍼 앞 25A 퓨즈 → 와이퍼 릴레이 컨트롤

❸ 레인 센서 릴레이 정지 제어: ON 전원 → 모듈5 7.5A 퓨즈 → 레인 센서 릴레이 → 레인 센서 릴레이 컨트롤

❹ ON 전원 → 와이퍼 앞 25A → 와이퍼 릴레이 포인트 → 레인 센서 릴레이 포인트 → 와이퍼 모터 HI →
정지(속도 조절은 와이퍼 릴레이 제어로)

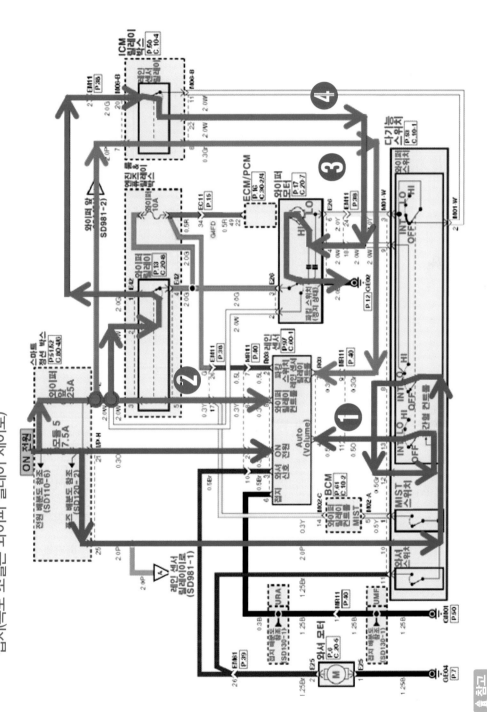

• 와이퍼 HI • 와이퍼 LO • 와이퍼 와셔 • 와이퍼 MIST • 정 위치 정지 회로 경로 및 점검은 10. 레인 센서 미 적용 회로 참조

③ 앞 유리 와이퍼 & 와셔 회로(레인 센서 적용) 점검

(1) 다기능 스위치 AUTO 위치에 놓고 물을 뿌릴 때 아래 A, B, C, D, E, F, G, H 지점의 전압은?

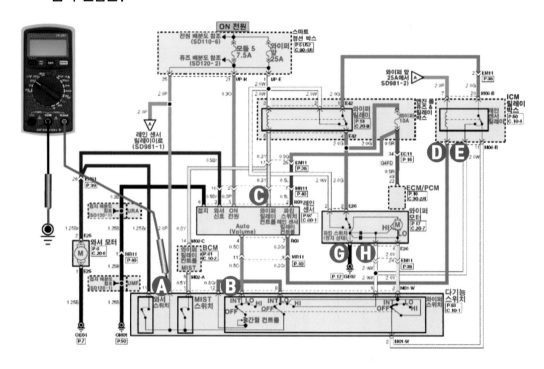

⚙ 정상값 및 불량할 때 정비 방법

점검 요소	정상값	불량할 때 정비 방법
A	12V	A 지점이 불량하면 ON 전원에서 측정 지점까지의 사이에서 단선 되었으므로 퓨즈 단선, 커넥터 이완. 배선의 단선 등을 점검한다.
B	?	B 지점은 인트 단수에 따라 전압이 변화하면 양호, 불량하면 다기능 스위치 간헐 컨트롤 부분 고장
C	12V	C 지점이 불량하면 ON 전원에서 측정 지점까지의 사이에서 단선 되었으므로 퓨즈 단선, 커넥터 이완. 배선의 단선 등을 점검한다.
D	12V	D 지점이 불량하면 ON 전원에서 측정 지점까지의 사이에서 단선 되었으므로 레인 센서 릴레이 단선, 퓨즈 단선, 커넥터 이완, 배선의 단선 등을 점검한다.
E	12V	E 지점이 불량하면 ON 전원에서 측정 지점까지의 사이에서 단선 되었으므로 레인 센서 릴레이 단선, 퓨즈 단선, 커넥터 이완. 배선의 단선 등을 점검한다.
G	0V	G 지점이 12V 나오면 G지점에 접지까지의 사이에서 단선 되었으므로 접지 연결 상태를 점검한다.
H	12V	H 지점이 불량하면 E 지점부터 H 지점 사이의 사이에서 단선 되었으므로 커넥터 이완, 배선의 단선 등을 점검한다.

13. 운전석 파워 시트 회로

① 운전석 파워 시트

(1) 시트 조절 스위치

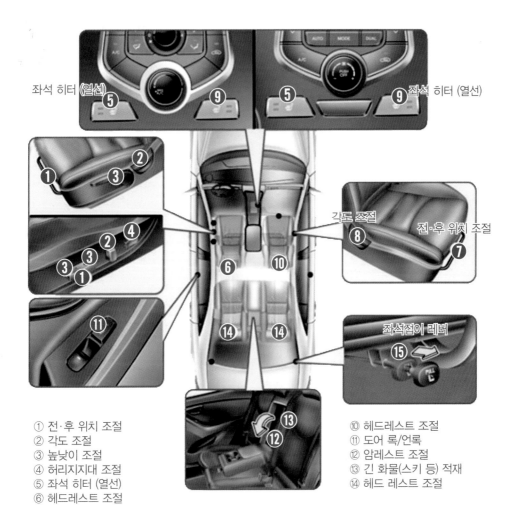

좌석 히터 (열선) ⑤ ⑨ ⑤ ⑨ 좌석 히터 (열선)

① ② ③

② ④ ③ ③ ①

⑪

각도 조절 ⑧ 전·후 위치 조절 ⑦

⑥ ⑩

⑭ ⑭

좌석접이 레버 ⑮

⑬ ⑫

① 전·후 위치 조절
② 각도 조절
③ 높낮이 조절
④ 허리지지대 조절
⑤ 좌석 히터 (열선)
⑥ 헤드레스트 조절

⑩ 헤드레스트 조절
⑪ 도어 록/언록
⑫ 암레스트 조절
⑬ 긴 화물(스키 등) 적재
⑭ 헤드 레스트 조절

(2) 파워시트 구성품

① 럼버 서포트 모터 (전/후)
② 뒤 높낮이 조절 모터
③ 등받이 조절 모터
④ 슬라이드 모터
⑤ 앞 틸트 조절 모터
⑥ 등받이 조절 리미트 스위치
⑦ 럼버 서포트 스위치
⑧ 시트 조절 스위치

(3) 파워 시트 모터 구동

① **슬라이드 모터:** 시트를 전방·후방으로 이동시키는 동력을 제공한다.

② **앞 틸트 모터:** 쿠션 앞부분을 상향·하향으로 이동시키는 동력을 제공한다.

③ **뒤 높낮이 조절 모터:** 쿠션 뒷부분을 상향·하향으로 이동시키는 동력을 제공한다.

④ **등받이 조절 모터:** 백 부분의 경사를 전방·후방으로 기울이는 동력을 제공한다.

② 운전석 파워 시트 회로

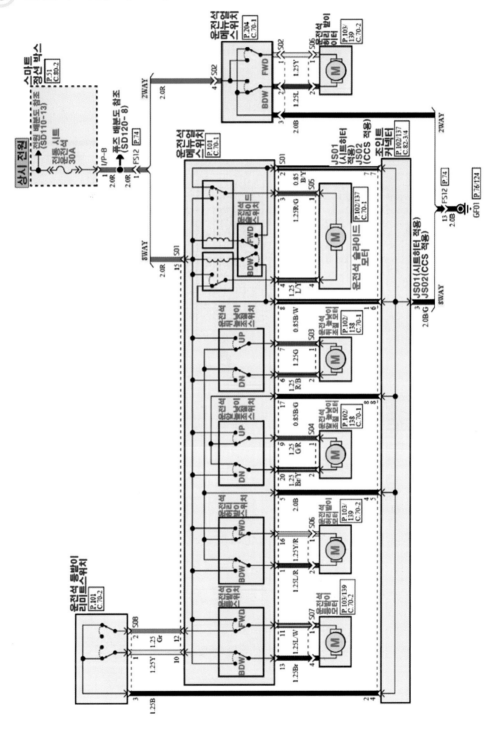

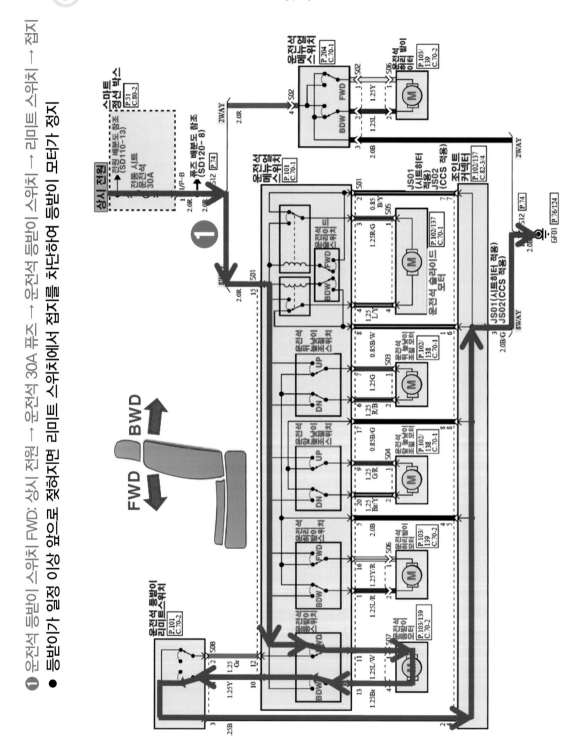

① 운전석 등받이 스위치 FWD: 상시 전원 → 운전석 30A 퓨즈 → 운전석 등받이 스위치 → 리미트 스위치 → 접지

● 등받이가 일정 이상 앞으로 젖혀지면 리미트 스위치에서 접지를 차단하여 등받이 모터가 정지

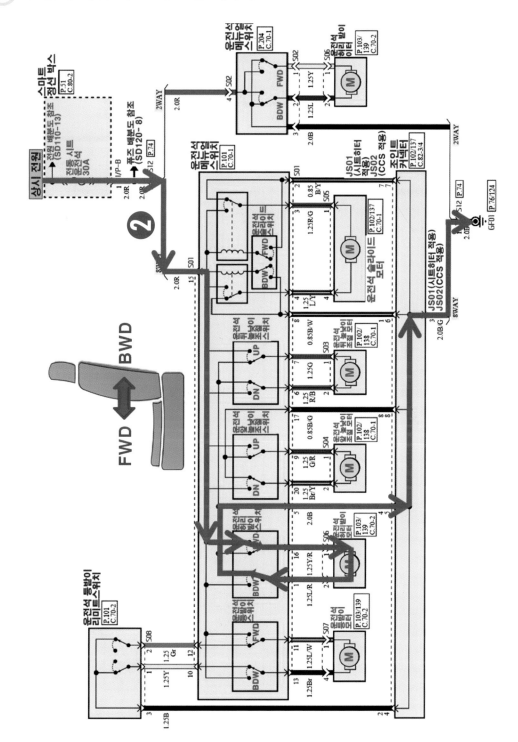

❷ 운전석 허리 받이 스위치 FWD: 상시 전원 → 운전석 30A 퓨즈 → 운전석 허리 받이 스위치 → 운전석 허리 받이 모터 → 접지

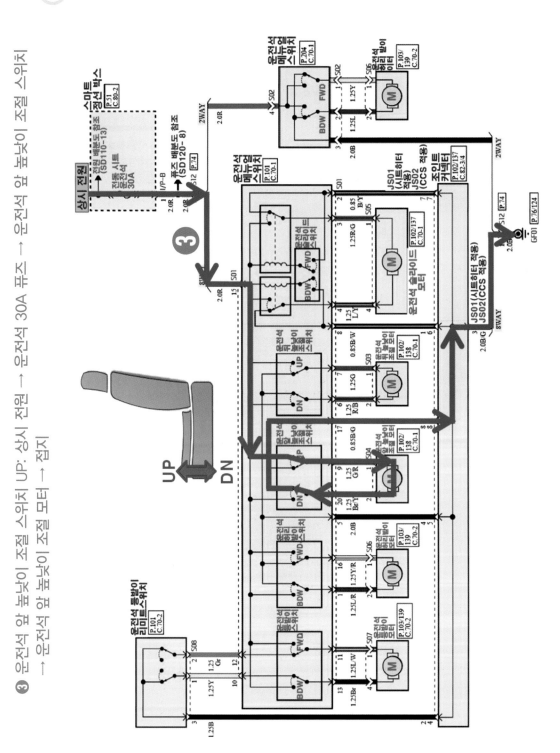

232

④ 운전석 뒤 높낮이 조절 스위치 UP: 상시 전원 → 운전석 30A 퓨즈 → 운전석 뒤 높낮이 조절 스위치
→ 운전석 뒤 높낮이 조절 모터 → 접지

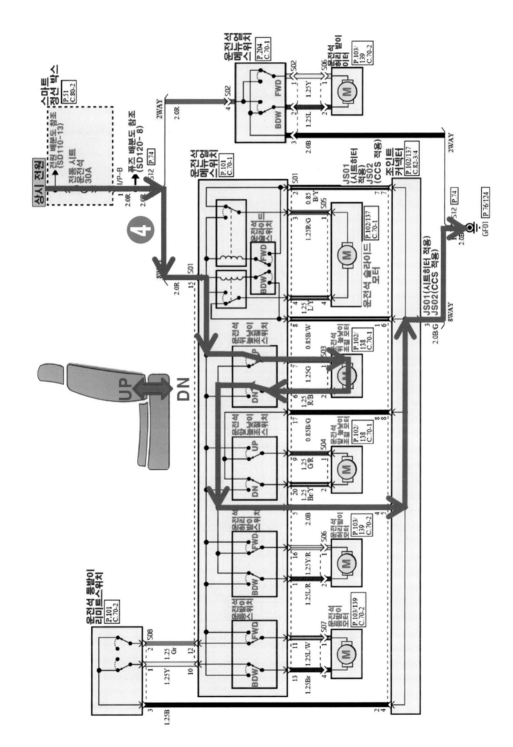

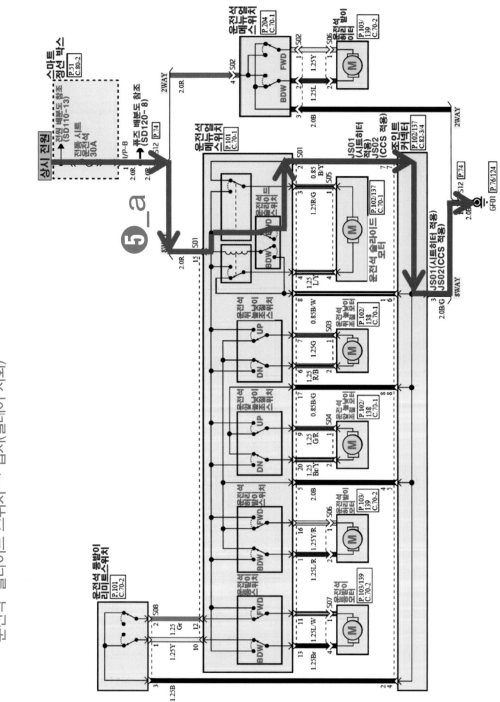

⑤_a. 운전석 슬라이드 스위치 FWD: 상시 전원 → 운전석 30A 퓨즈 → 슬라이드 FWD 릴레이 → 운전석 슬라이드 스위치 → 접지(릴레이 자화)

234

⑤_b. 상시 전원 → 운전석 30A 퓨즈 → 슬라이드 FWD 릴레이 포인트 → 운전석 슬라이드 스위치 모터
→ 슬라이드 릴레이 BDW 포인트 → 접지(모터 전진 방향으로 구동)

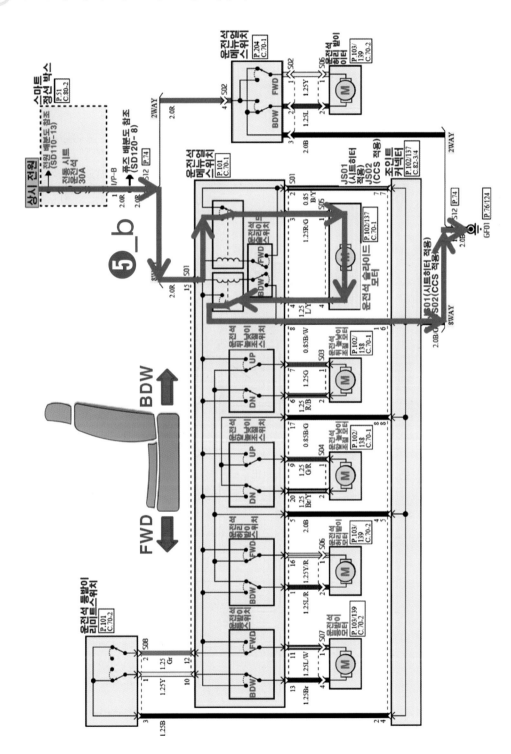

④ 운전석 파워 시트 회로 점검

(1) 운전석 등받이 스위치, 허리받이 스위치, 앞, 뒤 높낮이 조절 스위치, 슬라이드 스위치 작동시키면서 A, B, C, D, E, F, G, H, I, J, K, L, M 지점의 전압을 점검하였을 때 전압값은?

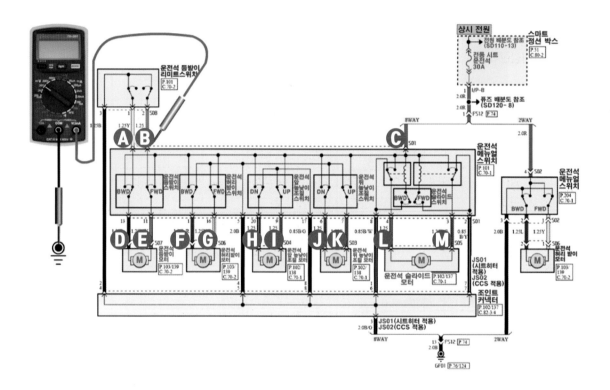

⚙️ 정상값 및 불량할 때 정비 방법

점검 요소		정상값	불량할 때 정비 방법
C		12V	C 지점이 불량하면 상시 전원에서 측정 지점까지의 사이에서 단선 되었으므로 퓨즈 단선, 커넥터 이완, 배선의 단선 등을 점검한다. (C 지점이 양호하면 아래 항목 점검한다)
FWD ※ BDW은 반대로 점검한다	E	12V	E 지점이 불량하면 운전석 등받이 스위치 불량
	D	0V	D 지점이 불량하면 운전석 등받이 모터 불량
	A	0V	A 지점이 불량하면 운전석 리미트 스위치 불량 혹은 리미트 스위치에서 접지까지의 사이에서 단선 되었으므로 커넥터 이완, 접지 연결 상태, 배선의 단선 등을 점검한다.
FWD ※ BDW은 반대로 점검한다.	G	12V	G 지점이 불량하면 운전석 허리받이 스위치 불량
	F	0V	F 지점이 불량하면 모터 단선, 허리받이 스위치 불량, 접지까지의 사이에서 단선 등을 점검한다.
UP ※ DN은 반대 로 점검한다.	I	12V	I 지점이 불량하면 운전석 앞 높낮이 스위치 불량
	H	0V	F 지점이 불량하면 모터 단선, 운전석 앞 높낮이 스위치 불량, 접지까지의 사이에서 단선 등을 점검한다.
UP ※ DN은 반대 로 점검한다	K	12V	K 지점이 불량하면 운전석 뒤 높낮이 스위치 불량
	J	0V	J 지점이 불량하면 모터 단선, 운전석 뒤 높낮이 스위치 불량, 접지까지의 사이에서 단선 등을 점검한다.
FWD ※ BDW은 반대 로 점검한다.	M	12V	M 지점이 불량하면 운전석 슬라이드 스위치 불량
	L	0V	L 지점이 불량하면 모터 단선, 운전석 슬라이드 스위치 불량, 접지까지의 사이에서 단선 등을 점검한다.

14. 타이어 공기압 경보 장치 회로

1 타이어 공기압 경보 장치

(1) 타이어 공기압 경보 장치TPMS 개요

현재 대부분의 자동차에서 사용하고 있는 직접 방식은 무선 통신을 이용하여 센서와 리시버 간의 통신으로 모니터링 할 수 있다. 이때 사용하는 무선 주파수는 국내와 유럽은 433Mhz를 미국은 315Mhz를 사용하며, 전파 간의 간섭과 에러율에 따른 신뢰성이 문제되었지만 기술의 개발로 인하여 안전성이 확보되었다.

타이어 압력 모니터링 모듈 위치

(2) 타이어 공기압 경보 장치TPMS 구성품

① 타이어 압력 센서

타이어의 위치를 감지하기 위해 이니시에이터로 부터 LFLow Frequency 신호를 받는 수신부가 센서 내부에 내장되어 있으며, 압력 센서는 타이어의 공기 압력과 내부의 온도를 측정하여 TPMS 리시버로 RFRadio Frequency전송을 한다. 배터리의 수명 연장과 정

타이어 압력 센서

확성을 위하여 온도와 압력을 항시 리시버로 전송하는 것이 아니라 주기적인 시간을 두고 전송한다. 각각의 센서는 고유의 ID값을 가지고 있기 때문에 센

서를 교환하거나 또는 타이어의 위치를 변경하였을 경우 변경된 ID값을 리시버에 등록하여야 한다.

② **이니시에이터 (Initiator)**

이니시에이터는 TPMS의 리시버와 타이어의 압력 센서를 연결하는 무선통신의 중계기 역할을 한다. 차종에 따라 다르지만 자동차의 앞·뒤에 보통

타이어 압력 센서 설치 위치

2개~4개 정도가 장착되며, 타이어의 압력 센서를 작동시키는 기능과 타이어의 위치를 판별하기 위한 도구이다.

"참고" 이니시에이터 없는 차량은 타이어 압력 센서가 이니시에이터 기능을 같이한다.

③ **리시버**Receiver**(타이어 압력 모니터링 모듈)**

리시버는 TPMS의 독립적인 ECU로서 다음과 같은 기능을 수행한다.

• 타이어 압력 센서로부터 압력과 온도를 RF(무선 주파수) 신호로 수신한다.

• 수신된 데이터를 분석하여 경고등을 제어한다.

• LF(저주파) 이니시에이터를 제어하여 센서를 Sleep 또는 Wake Up 시킨다.

• 시동이 걸리면 LF 이니시에이터를 통하여 압력 센서들을 '정상 모드' 상태로 변경시킨다.

• 차속이 20km/h 이상으로 연속 주행 시 센서를 자동으로 학습Auto Learning한다.

• 차속이 20km/h 이상이 되면 매 시동시 마다 LF 이니시에이터를 통하여 자동으로 위치의 확인Auto Location과 학습Auto Learning을 수행한다.

④ 자기 진단 기능을 수행하여 고장 코드를 기억하고 진단 장비와 통신을 하지만 차량 내의 다른 장치의 ECU들과 데이터 통신을 하지 않는다.

⑤ 저압 경고등

타이어 압력 센서에서 리시버에 입력되는 신호가 타이어 공기 압력이 규정 이하일 경우 저압 경고등을 점등시켜 운전자에게 위험성을 알려주는 역할을 한다. 히스테리시스 구간을 설정하여 두고 정해진 압력의 변화 이상으로 변동되지 않으면 작동하지 않는다.

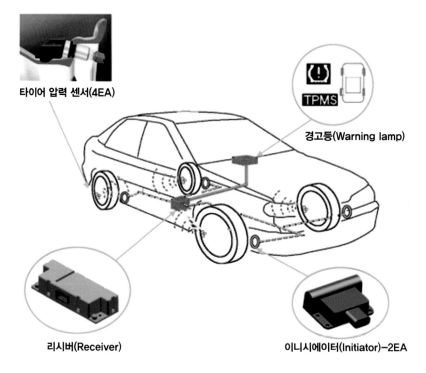

타이어 압력 센서(4EA)

경고등(Warning lamp)

리시버(Receiver)

이니시에이터(Initiator)-2EA

② 타이어 공기압 경보 장치 회로

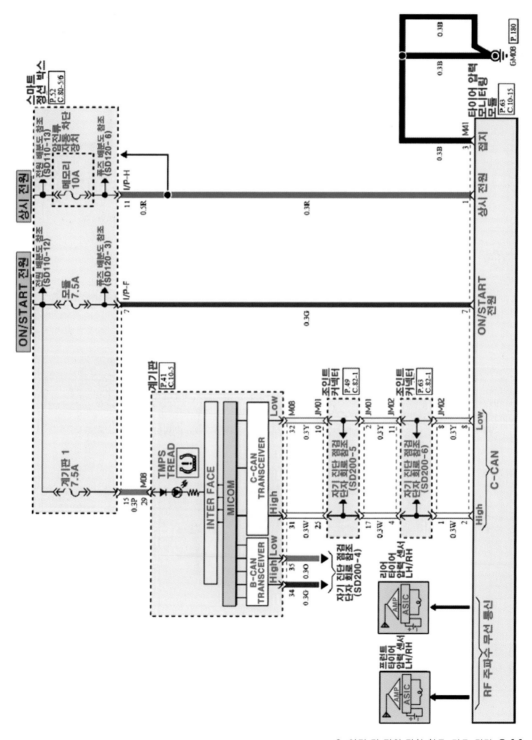

③ 타이어 공기압 경보 장치 회로 경로

① 시동이 걸리면 이니시에이터를 통하여 압력 센서들을 "정상 모드" 상태로 변경시킨다.
② 압력 센서로부터 압력과 온도를 무선 주파수 신호로 수신하여 데이터를 분석하여 경고등을 제어한다.
③ 압력이 낮으면 모듈에서 C-CAN 통신으로 TPMS 경고등 점지를 제어하여 경고등을 점등시킨다

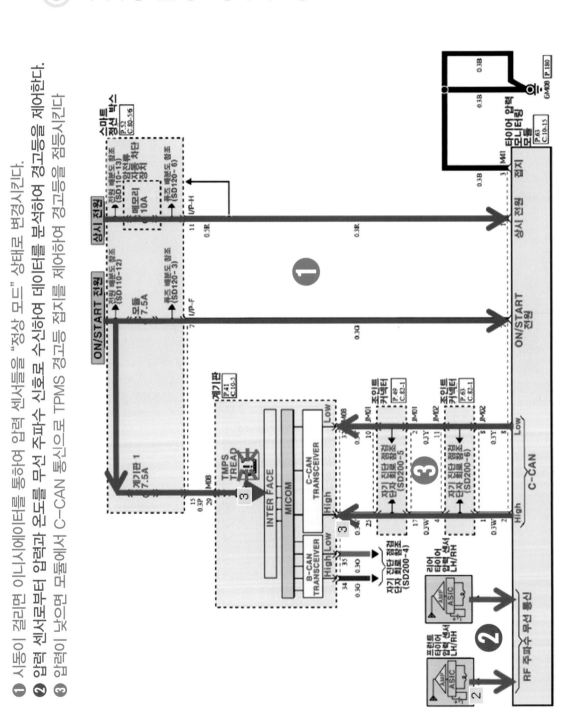

242

④ 타이어 공기압 경보 장치 회로 점검

(1) 엔진 시동 상태에서 A, B, C 지점을 점검하였을 때 전압값은?

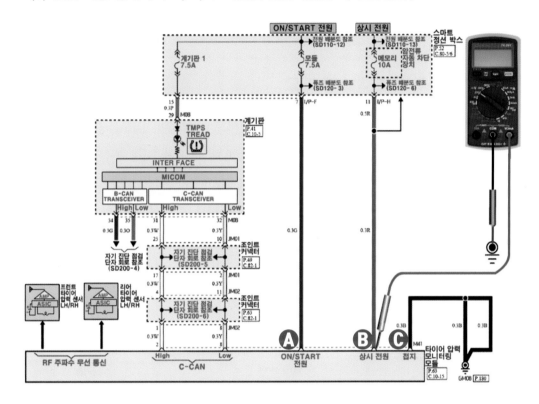

⚙ 정상값 및 불량할 때 정비 방법

점검 요소	정상값	불량할 때 정비 방법
A, B	12V	A, B 지점이 불량하면 상시 전원 혹은 ON·START 전원에서 측정 지점까지의 사이에서 단선 되었으므로 퓨즈 단선, 커넥터 이완, 배선의 단선 등을 점검한다.
C	0V	C 지점이 불량하면 C 지점부터 접지까지의 사이에서 단선 되었으므로 접지의 연결 상태, 커넥터 이완, 배선의 단선 등을 점검한다.

🏛 참고

● **타이어 압력 센서, 캔 통신 회로는 자기 진단 시험기로 점검한다.**

TPMS 단품, 모듈 교환 후 반드시 진단 장비로 ID(센서) 등록 후 주행하여 확인한다. 자세한 내용은 정비지침서 TPMS 편 고장 진단, 서비스 데이터 등 참조

15. 전·후방 주차 시스템 회로

① 후방 주차 보조 시스템 개요

RPAS^{Rear Parking Assist System}는 4개의 RPAS 센서로 구성되며, RPAS 센서를 통해 물체를 감지하고 그결과를 거리 별로 1, 2, 3차 경보로 나누어 LIN 통신을 통해 BCM으로 전달한다.

BCM은 센서에서 받은 통신 메시지를 판단하여 경보 단계를 판단하고, 각 차종별 시스템의 구성에 따라 버저를 구동하거나 디스플레이를 위한 데이터를 전송한다.

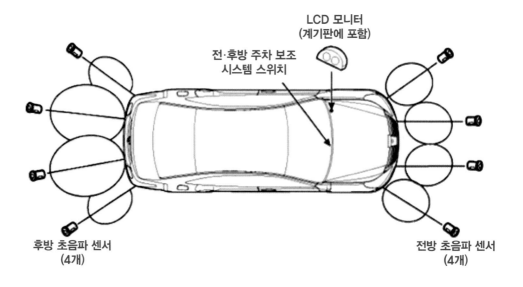

LCD 모니터
(계기판에 포함)

전·후방 주차 보조
시스템 스위치

후방 초음파 센서
(4개)

전방 초음파 센서
(4개)

② 타이어 공기압 경보 장치

(1) 초기 모드

① IGN 1 ON + R단 이후 시스템 초기화 시간은 500ms이다.

② RPAS는 초기화 동안 LID를 인식하여 센서의 ID를 설정한다.

③ BCM 초기화가 완료되면 100ms 동안 RPAS는 각각의 센서를 구동하여 고장 진단을 수행한다.

④ 고장 진단이 완료되고 센서가 고장 정보를 송신하지 않으며, 'RPAS 시작 경고'를 구동한다.

⑤ 센서 중 고장 정보를 송신하는 센서가 있으면 RPAS 시작 부저를 구동하지 않고, 일정 주기 동안 고장 부저를 구동한다. 디스플레이가 있을 경우, 디스플레이도 고장을 표시한다.

⑥ 센서 고장에 의한 부저는 단 1회만 구동하나, 디스플레이는 고장이 해지될 때 까지 지속적으로 표시한다.

(2) 정상 모드

① IGN 1 ON + R단 이후 LIN 통신을 시작하고 계속 루틴을 유지한다.

② 초기 시스템 이상 유무를 체크하기 위해 BCM은 각 센서를 한 번씩 호출하고 4개의 센서는 일괄 응답한다. 이때 이상이 없으면 R단 입력 500ms 후 300ms간 경보를 울린다.

③ 초기화 후 일반 루틴의 시작은 경보 출력 완료 후 100ms 지연 후 시작한다.

④ 장애물에 대한 경보는 1차, 2차, 3차로 구분하며, 1차, 2차 경보는 단속음, 3차 경보는 연속으로 경보한다.

⑤ 클러스터 디스플레이 경우는 각 센서의 정보를 BCM에서 클러스터로 전송한다. 전송을 위한 통신은 CAN을 이용하고 gateway time은 50ms 이내로 한다.

⑥ RPAS의 유효 동작의 차량속도는 10km/h 이하일 때 임.

⑦ PAS(전후방 주차 보조 시스템) 작동 ON 후 차속 20km/h 이상시 PAS 기능이 OFF 된다. 재 사용시 PAS 스위치를 ON으로 조작한다.

(3) 터닝^{Tunning} 모드

① 기본 동작 시작 조건은 정상 모드와 동일하며, BCM MASTER 대신, 터닝 TOOL을 MASTER로 사용한다.

② 따라서, LIN BUS에 BCM은 연결하지 않는다.

③ TUNING TOOL은 센서와 통신하여 reference 및 envelop 데이터를 LIN Diagnostic frame 형식으로 전송 받아 analog 방식으로 디스플레이 한다.

(4) 비교^{Configuration} 모드

① 비교 모드의 목적은 다음과 같다.
  – 각 센서의 할당 된 ID 확인
  – 각 센서의 variant ID 확인

② 기본 동작 시작 조건은 정상 모드와 동일하며, BCM MASTER 대신 터닝 TOOL을 MASTER로 사용한다.

③ 따라서, LIN BUS에 BCM은 연결하지 않는다.

④ 터닝 TOOL은 LIN Bus를 통해 각 센서

3 전·후방 주차 보조 시스템 회로(1/2)

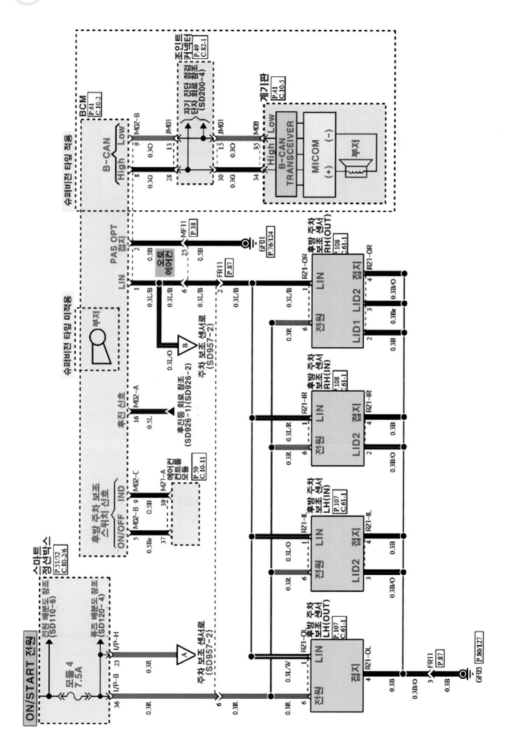

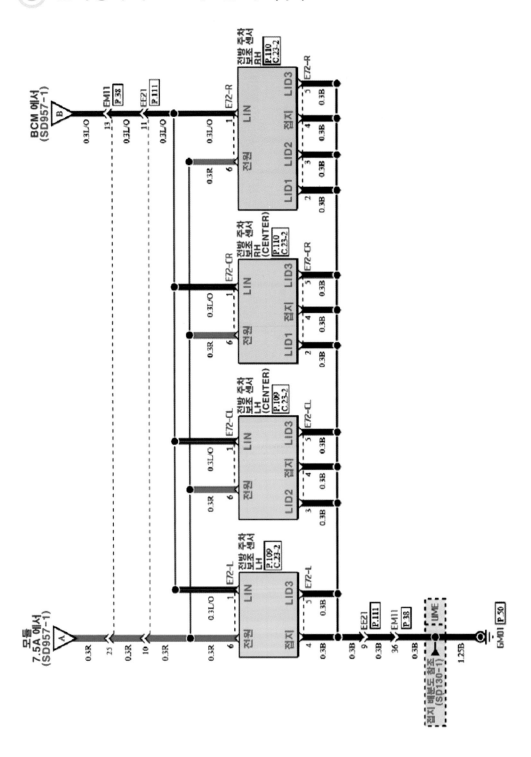

❶ IGN 1 ON 및 R단: LIN 통신을 시작하고 계속 루틴을 유지한다.
❷ 후진할 때 장애물이 120cm 전에서부터 BCM 에서 1차, 2차, 3차로 구분하여 경보 및 디스 플레이한다.

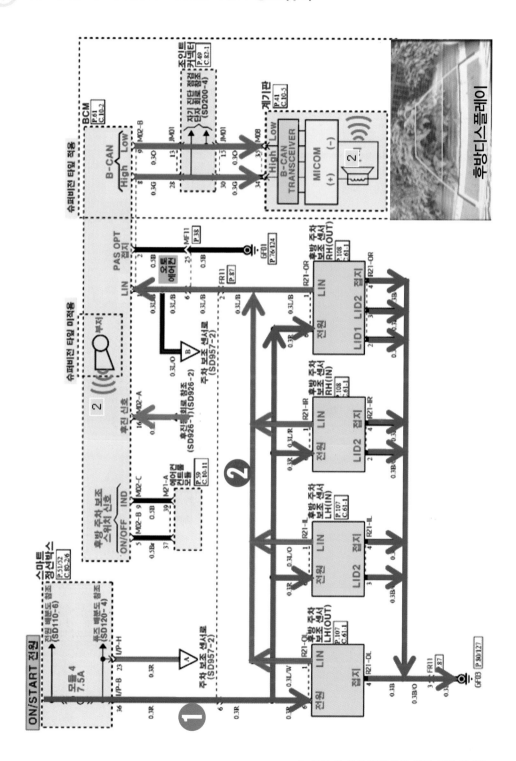

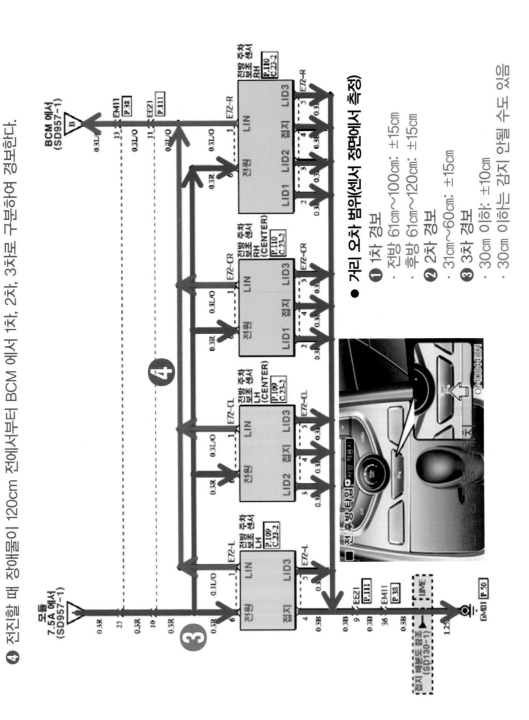

④ 전·후방 주차 보조 시스템 회로 경로(2/3)

❸ IGN 1 ON 및 주차 경보 스위치 ON: LIN 통신을 시작하고 계속 루틴을 유지한다.
❹ 전진할 때 장애물이 120cm 전에서부터 BCM 에서 1차, 2차, 3차로 구분하여 경보한다.

● 거리 오차 범위(센서 정면에서 측정)

❶ 1차 경보
· 전방 61cm∼100cm: ±15cm
· 후방 61cm∼120cm: ±15cm
❷ 2차 경보
· 31cm∼60cm: ±15cm
❸ 3차 경보
· 30cm 이하: ±10cm
· 30cm 이하는 감지 안될 수도 있음

250

⑤ 전·후방 주차 보조 시스템 회로 점검(3/3)

(1) 콘솔 스위치를 ON시키고 A, B, C, D, E, F, G, H 지점에서 전압을 점검하였을
때 전압값은?

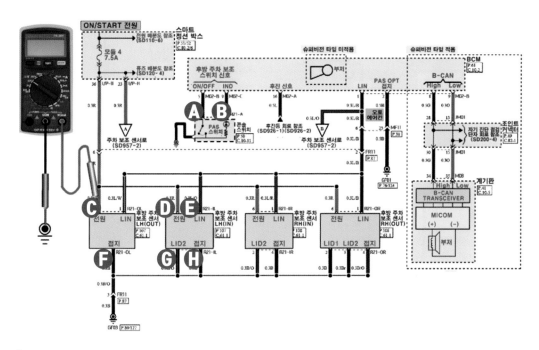

⚙️ 정상값 및 불량할 때 정비 방법

점검 요소	정상값	불량할 때 정비 방법
A	0V	A 지점이 PAS 스위치 불량 혹은 접지까지의 사이에서 단선 되었으므로 접지 연결 상태, 커넥터 이완, 배선의 단선 등을 점검한다.
B	12V	B 지점이 불량하면 PAS 스위치 램프 단선, 혹은 접지까지의 사이에서 단선 되었으므로 접지 연결 상태, 커넥터 이완,. 배선의 단선 등을 점검한다.
C	12V	C 지점이 불량하면 ON·START 전원에서 측정 지점까지의 사이에서 단선 되었으므로 퓨즈 단선, 커넥터 이완, 배선의 단선 등을 점검한다.
F	0V	F 지점이 불량하면 접지까지의 사이에서 단선 되었으므로 접지 연결 상태, 커넥터 이완, 배선의 단선 등을 점검한다.
D	12V	D 지점이 불량하면 ON·START 전원에서 측정 지점까지의 사이에서 단선 되었으므로 퓨즈 단선, 커넥터 이완, 배선의 단선 등을 점검한다.
G	?	LIN 통신 점검
G, H	0V	G, H 지점이 불량하면 접지까지의 사이에서 단선 되었으므로 접지의 연결 상태, 커넥터 이완, 배선의 단선 등을 점검한다.

(2) 스위치를 ON시켰을 때 A, B, C, D, E, F 지점에 걸리는 전압은 얼마인가?

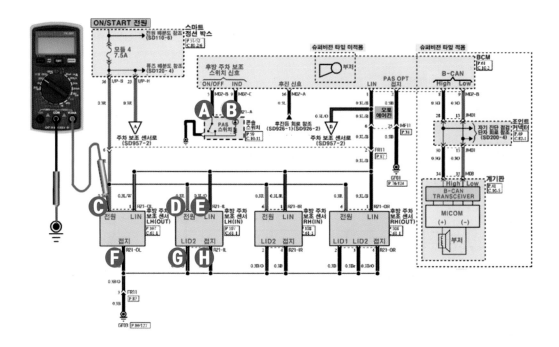

⚙ 정상값 및 불량할 때 정비 방법

점검 요소	정상값	불량할 때 정비 방법
A, B	0V	A, B 지점이 불량하면 ON·START 전원에서 측정 지점까지의 사이에서 단선 되었으므로 퓨즈 단선, 커넥터 이완. 배선의 단선 등을 점검한다.
C, D, E, F	12V	C, D, E, F 지점이 불량하면 접지까지의 사이에서 단선 되었으므로 접지 연결 상태, 커넥터 이완. 배선의 단선 등을 점검한다.

16. 주차 조향 보스 시스템 회로

① 주차 조향 보조 시스템(SPAS: Smart Parking Assist System) 개요

수직·수평 주차의 경우, 운전자는 주차 공간 탐색 기능을 작동시킨 후 주차 공간 옆을 지나도록 전진한다.

시스템은 주차 공간 탐색이 완료된 경우 운전자에게 음성 안내, 메시지 디스플레이 등으로 알려준다. 그러면 운전자는 차량을 정지시키고 주차 공간을 확인한다.

운전자는 차량을 감속, 정지하여 기어를 후진에 인가한 후 스티어링 휠에서 손을 떼고 천천히 후진을 하는 동안에 스티어링 휠은 자동 조작된다.

단 브레이클 밟지 않고 후진 속도가 규정된 속도보다 빠를 경우, 시스템은 운전자에게 음성과 디스플레이 방법으로 경고하고 기능을 해제 한다.

② 동작 순서

(1) 주차 조향 보조 시스템 스위치

(A) 작동을 통해 계기판의 원하는 주차 모드를 선택한다. (기어 R단 또는 D단)

⊙ 안내: 주차 모드를 선택 하십시요, 주변 장애물을 주의 하십시요.

"브레이크를 밟은 상태에서 변속 레버를 「N」(중립) 또는 「D」(주행) 위치에 놓고 시스템 선택 버튼(직각 주차 모드, 평행 주차 모드)을 눌러 2가지의 주차

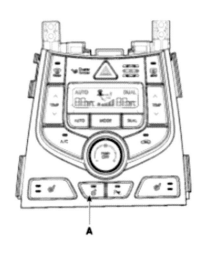

모드 중에서 주차하고자 하는 모드
를 선택.

시스템 선택 시는 자동으로 우측 평
행 모드가 선택된다.

스위치를 연속해서 누르면 좌측 평
행 모드가 선택되고 또 한 번 누르
면 주차 조향 보조 시스템 모드를
빠져나온다.”

(2) **차량이 전진하면서 차량 전방 측면
센서를 통해 주차 공간 탐색을 실
시한다.**

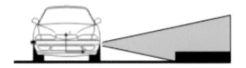

⊙ **음성 안내: 주차 공간을 탐색 중입니다.**

(3) **주차 공간 탐색이 완료되면 후진 기어
(R단) 변속을 유도한다. (삐 경보음 발
생: 150ms)**

⊙ **음성 안내: 정지 후 후진 기어를 넣어
주십시오**

(4) 정지 후 후진 기어로 변속하면 핸들 조향이 시작된다.

◉ 음성 안내: 핸들만 자동으로 조정됩니다. 브레이크 페달을 밟고 천전히 주차하십시오.

(5) 조향 중 전진·후진 변속을 요구하면 계기판 메시지 및 음성 안내에 따라서 변속을 실시한다. (삐 경보음 발생 : 150ms)

◉ 음성 안내: 전진 기어를 넣어 주십시오. 브레이크 페달을 밟고 천전히 주차하십시오.

◉ 음성 안내: 후진 기어를 넣어주십시오. 브레이크 페달을 밟고 천천히 주차하십시오.

(6) 주차 지원 종료시 완료 표시 문구 및 비프 음을 발생한 후 시스템이 정상 완료된다. 주차 지원 종료 후 운전자는 핸들을 조정 및 차량을 이동하여 주차를 종료한다.

◉ 음성 안내: 주차 지원을 완료 하였습니다.

③ SPAS 구성

(1) 스위치
- **PAS 스위치:** PAS 기능에 대한 ON·OFF 기능이며 일반적인 주차 시 "주차 보조 시스템" 음성 안내
- **SPAS 스위치:** 주차 조향 보조 시스템 작동

(2) 초음파 전후방 센서
- 전후방 장애물 감지(작동 전압: 7.7~8.3V 주파수: 45~51 KHz)

(3) 측방 센서
- 주차 공간 탐색(작동 전압: 7.7~8.3V. 주파수: 45~51 KHz)

(4) 계기판
- 주차 진행 상황 및 물체 경보 표시
- SPAS 작동시에는 SPAS 관련 사항만 계기판에 표시되며, SPAS 종료 후 PAS 표시됨
- PAS만 동작 시 계기판 장애물의 위치가 표시되며 3개의 섹터 거리 별로 경고음 발생

(5) 주차 조향 컨트롤 모듈(ECU)
- 주차 궤적 산출
- 자동 조향을 위한 MDPS측 요구 조향각 출력
- 전후방 물체 감지 로직 및 경보

(6) MDPS
- SPAS 연계 제어 로직
- SPAS측 요구 조향 각에 대한 스티어링 작동

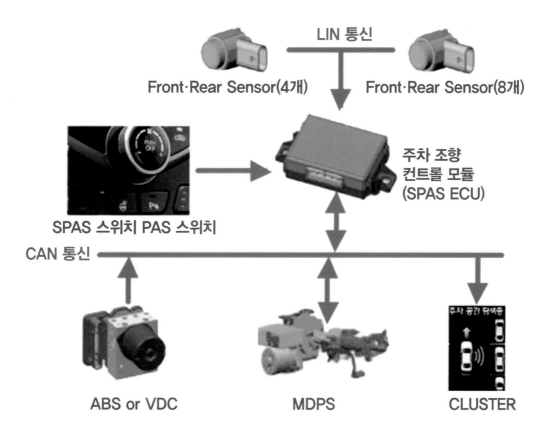

LIN 통신

Front·Rear Sensor(4개)

Front·Rear Sensor(8개)

SPAS 스위치 PAS 스위치

주차 조향
컨트롤 모듈
(SPAS ECU)

CAN 통신

ABS or VDC

MDPS

CLUSTER

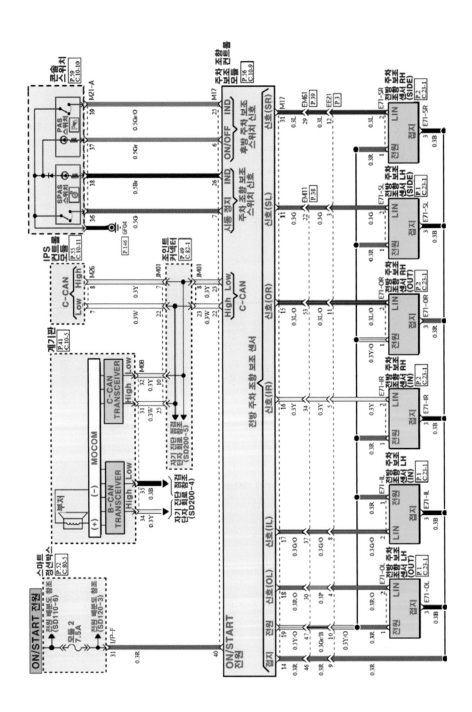

4 주차 조향 보조 시스템 회로(1/2)

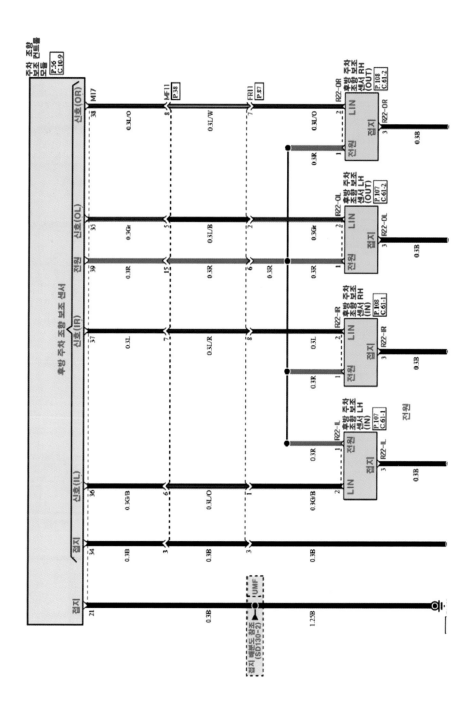

⑤ 주차 조향 보조 시스템 회로 경로(1/2)

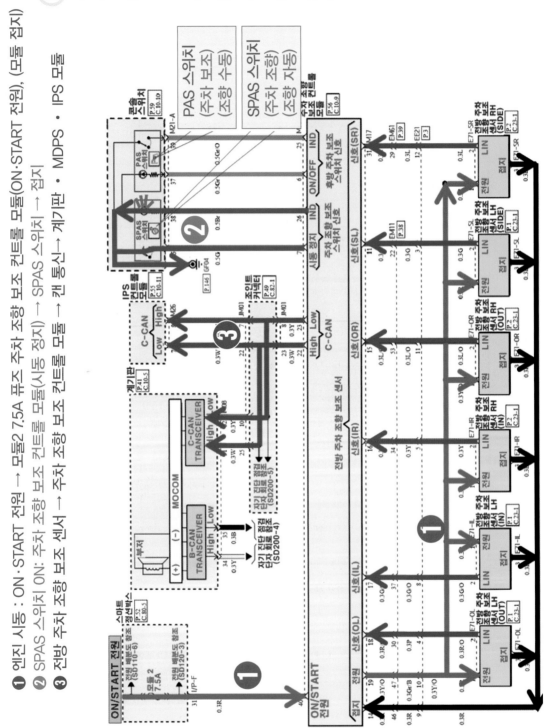

① 엔진 시동 : ON·START 전원 → 모듈2 7.5A 퓨즈 주차 조향 보조 컨트롤 모듈(ON·START 전원), (모듈 접지)

② SPAS 스위치 ON: 주차 조향 보조 컨트롤 모듈(시동 정지) → SPAS 스위치 → 접지

③ 전방 주차 조향 보조 센서 → 주차 조향 보조 컨트롤 모듈 → 캔 통신→ 계기판 · MDPS · IPS 모듈

⑤ 주차 조향 보조 시스템 회로 경로(2/2)

❹ 엔진시동: ON·START 전원 → 모듈2 7.5A 퓨즈 → 주차 조향 보조 컨트롤 모듈(전원)(모듈 및 센서 정지)

❺ 후방 주차 조향 보조 센서 → 주차 조향 보조 컨트롤 모듈 → 캔 통신 → 계기판 · MDPS · IPS 모듈

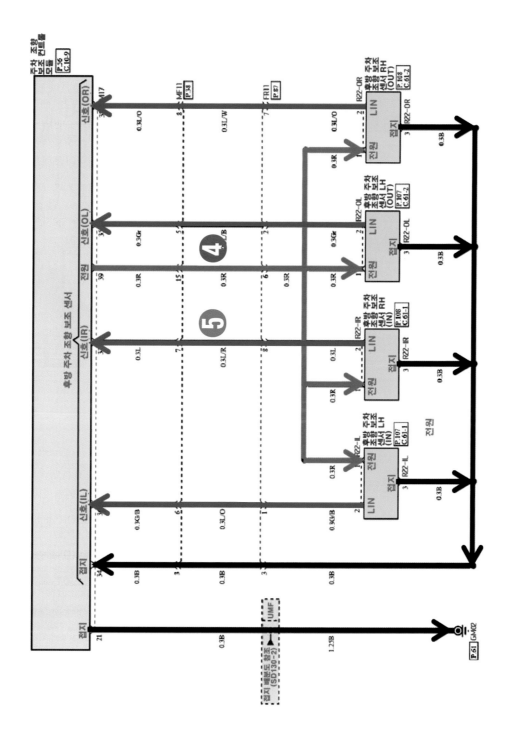

⑥ 주차 조향 보조 시스템 회로 점검

(1) 스위치를 ON시켰을 때 A, B, C, D, E, F 지점에 걸리는 전압은 얼마인가?

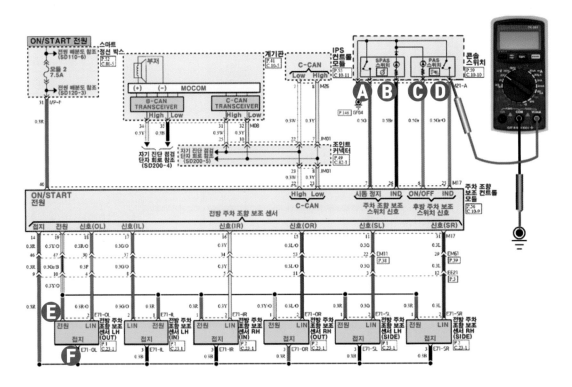

⚙ 정상값 및 불량할 때 정비 방법

점검 요소	정상값	불량할 때 정비 방법
A	0V	A 지점이 12V 나오면 SPAS 스위치 불량 혹은 접지까지의 사이에서 단선 되었으므로 접지 연결 상태, 커넥터 이완, 배선의 단선 등을 점검한다.
B	12V	B 지점이 불량하면 SPAS 스위치 램프 단선, 혹은 접지까지의 사이에서 단선 되었으므로 접지 연결 상태, 커넥터 이완, 배선의 단선 등을 점검한다.
C	12V	C 지점이 불량하면 PAS 스위치 램프 단선, 혹은 접지까지의 사이에서단선 되었으므로 접지 연결 상태, 커넥터 이완, 배선의 단선 등을 점검한다.
D	0V	D 지점이 12V 나오면 PAS 스위치 불량 혹은 접지까지의 사이에서 단선 되었으므로 접지 연결 상태, 커넥터 이완, 배선의 단선 등을 점검한다.
E	5V	E 지점이 불량하면 주차 조향 보조 컨트롤 모듈 전원에서 측정 지점까지의 사이에서 단선 되었으므로 커넥터 이완, 배선의 단선 등을 점검한다.
F	0V	F 지점이 5V가 나오면 주차 조향 보조 센서에서 주차 조향 보조 컨트롤 모듈 접지까지의 사이에 커넥터 이완, 배선의 단선 등을 점검한다. 혹은 센서 불량이다.

(2) 스위치를 ON시켰을 때 A, B 지점에 걸리는 전압은 얼마인가?

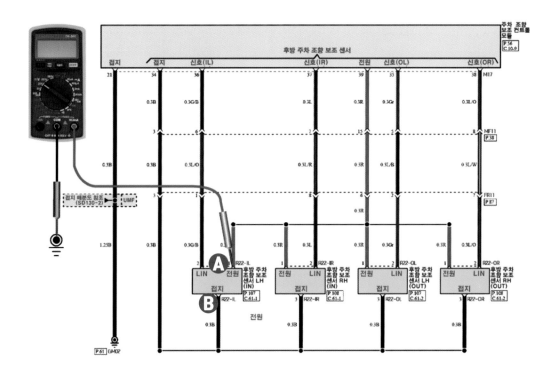

⚙️ 정상값 및 불량할 때 정비 방법

점검 요소	정상값	불량할 때 정비 방법
A	5V	A 지점이 불량하면 후방 주차 보조 센서에서 A 지점까지의 사이에서 단선되었으므로 커넥터 이완, 배선의 단선 등을 점검한다.
B	5V	B 지점이 5V가 나오면 후방 주차 조향 보조 센서에서 주차 조향 보조 컨트롤 모듈 접지까지의 사이에서 커넥터 이완, 배선의 단선 등을 점검한다. 혹은 센서 불량이다.

Part 3

바디 컨트롤 시스템 (BCM)

01.BCM^{Body CONtrol Module} 개요

바디 컨트롤 모듈^{BCM} 시스템은 수많은 스위치 신호를 입력 받아 시간 제어^{TIME} 및 경보 제어^{ALARM}에 관련된 기능을 자동 컨트롤 하는 시스템이다.

BCM, SJB(실내 정선 박스), CLU(인스트루먼트 클러스터)가 CAN으로 연결되어 배선의 최적화를 이용하여 단거리 유닛이 입력 받아 필요 유닛에 CAN으로 송신하는 타입이다. 출력의 경우도 배선이 아니라 CAN으로 SJB 등으로 송신하여 SJB가 릴레이 IPS를 제어하는 방식이다. 따라서 각 유닛별로 센서 테이타와 강제 구동 테이터가 활당 되어 있다.

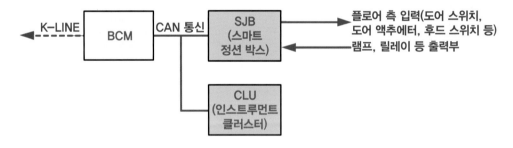

- BCM: Body CONtrol Module(바디 전장 제어)
- PDM: Power DistributiON Module(전원 분배 모듈)
- SMK: Smart Key ECU(스마트 키 ECU 모듈)

① BCM 제어 주요 기능

(1) **도난 방지 기능**^{Burglar Alarm}: 차량 경계 모드, 자동 잠금 타이머^{Autolock Timer}에 의한 경계 모드 진입 및 도난 경보 기능

(3) **서리 제거 기능**^{Defroster}: 뒤 유리 열선 스위치^{Defogger SW}에 의한 김 서림 방지 기능과 서리 제거 기능^{Defogger&Deicer}을 출력하는 기능

(3) **스티어링 휠 열선 제어 기능**Heated Steering Wheel: 스티어링 휠 열선 스위치에 의한 스티어링 휠 열선 기능

(4) **ATM 제어 기능:** P단에서의 변속기 레버 잠김을 제어 기능

(5) **미등 기능**Tail Lamp: 미등 ON·OFF 제어 및 미등 ON 상태에서 운전자가 스위치 OFF를 잊었을 경우 자동으로 OFF 상태로 제어하는 기능

(6) **전조등 제어 기능**H·Lamp Low·High: 전조등 스위치(다기능 스위치) 조작에 따른 상향등· 하향등을 제어하는 기능

(7) **웰컴 및 에스코트 기능**Welcom·Escort: 차량 잠금Lock 상태에서 잠금 해제Unlock 신호 감지에 의한 전조등 및 미등을 15초간 ON하는 웰컴 조명 기능
- 전조등 ON 상태에서 전원 OFF시 에스코트 조명을 제어한다.
- 전조등 ON 상태에서 IGN OFF시 5분 동안 전조등 출력을 유지한다.
- 20분 ON상태 중에 운전석 도어를 열고 닫으면 15초 동안만 ON 상태를 유지한다.
- 전조등 ON상태 유지 중에, 무선 리모컨 잠금 버튼을 2회 누르면 전조등이 OFF된다.

(8) **오토 라이트 기능**Auto Light: 전조등 스위치를 Auto 상태에 두면 주·야간에 따라 미등과 전조등을 제어하는 기능

(9) **패싱 기능 제어**Passing: 전조등 패싱 스위치Passing Switch에 의한 패싱 제어 기능

(10) **상향등 자동 제어 기능**HBA: 전조등 스위치가 Auto 상태일 때 마주 오는 상대 차량의 상태에 따라 상향 전조등 출력을 자동으로 ON·OFF 제어하는 기능

(11) **전·후방 안개등 제어**FrONt·Rear Fog Lamp: 전·후방 안개등 스위치 조작에 따른 안개등 제어 기능

(12) **AV기기 미등 제어**AV Tail: 조도 조건에 의한 AV기기(AVN 모니터 등)의 램프 밝기를 제어하는 기능

(13) **플래셔 제어**Flasher: 패닉 경보Panic Alarm, 블루링크 경보MTS Alarm, 도난 방지 경보 Burglar Alarm 및 원격 시동 시 플래셔 램프를 출력하는 기능

(14) **실내등 제어**Room Lamp: 차량 전원 상태 및 도어 개폐 상태에 따라 실내등을 ON·OFF를 제어하는 기능

(15) **Key Hole 조명**Key Hole IlluminatiON: 전원 조건, 도어 열림·닫힘 상태 및 경계 모드 에 따라 Key Hole 조명 출력을 제어하는 기능

(16) **실외 미러**Outside Mirror: 미러 폴딩·언폴딩을 제어 하는 기능 및 실외 미러 아래쪽 에 위치한 퍼들 램프Puddle Lamp를 제어하는 기능

(17) **MTS 제어** : MTS 유닛이 발신하는 신호에 대하여 도어 잠금·잠금 해제 Lock·Unlock, 원격 시동Remote Start, 패닉Panic 기능의 출력을 제어

(18) **패닉 경보 제어**Panic Alarm: 패닉Painc 신호에 따른 경음기 및 플래셔 램프Horn & Flasher를 출력하는 기능

(19) **원격 시동 제어**Remote Start: 원격 시동에 의한 차량의 플래셔 램프 출력 기능 및 타 기능 금지를 제어하는 기능

(20) **트렁크 제어**Trunk: 트렁크 제어 스위치 입력에 따른 트렁크 제어 잠금 해제Trunk release를 출력하는 기능 및 경보음Buzzer을 출력하는 기능

(21) **시트 벨트 리마인더**SBR: 시트 안전 벨트 착용 유무에 따른 경고 및 미착용 상태 에서의 주행시에 패턴 진입 제어

(22) **키 작동 경보**Key Operated Warning: ACC ON 상태에서 운전석 도어 열림에 따른 경보를 출력하는 기능

(23) **주차 브레이크 경보**Parking Brake Warning: IGN ON 상태이고 주차 브레이크 ON 상태에서 차량 속도가 5km/h 초과시 경고음을 출력하는 기능

(24) **선루프 열림 경보**Sun Roof Open Warning: 선루프가 열린 상태에서 키를 탈거하고 하 차하는 경우, 경고를 출력하는 기능

(23) **와이퍼 로우·하이, Mist, Auto. 앞 유리 와이퍼·워셔 제어:** 다기능 스위치로부터 와이퍼 스위치 신호를 수신하여 BCM은 와이퍼 모터를 제어한다.

(24) **사용자 옵션 모드USM:** 에스코트 기능, PAS 경보음 볼륨 조절 등, 사용자가 작동 여부를 설정하는 기능

(25) **CAN 통신:** Low Speed CAN, High Speed CAN 적용

(26) **LIN 통신:** 레인 센서, PAS 센서, 파워 윈도우 제어

② BCM 제원

항 목	제 원
정격 전압	DC 12V
작동 전압	DC 9~16V
작동 온도	−30℃~80℃
암 전류	50mA이하

③ BCM 위치

에탁스를 전압계로 점검할 때는 BCM 커넥터 뒤편에 전압계 리드봉을 삽입하여 점검하던가 혹은 스위치 및 액추에이터에서 전압계 리드봉을 삽입하여 점검한다.

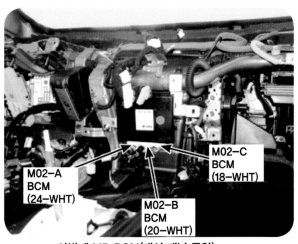

아반떼 MD BCM(대시 패널 중앙)

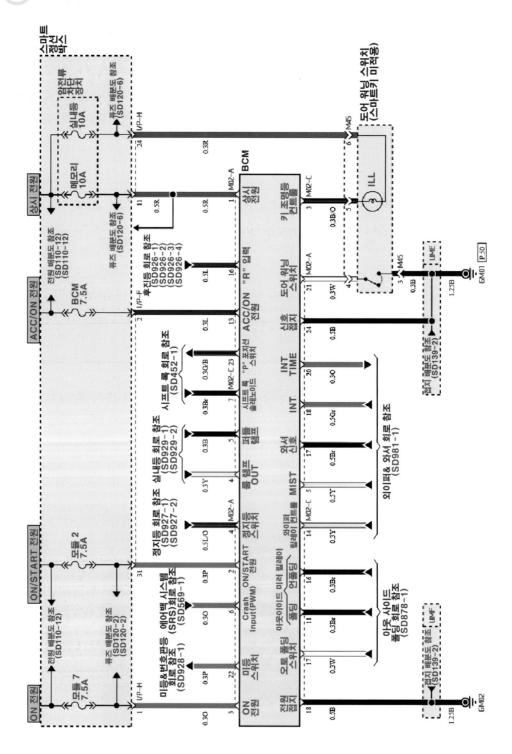

270

④ BCM 회로도(2/2)

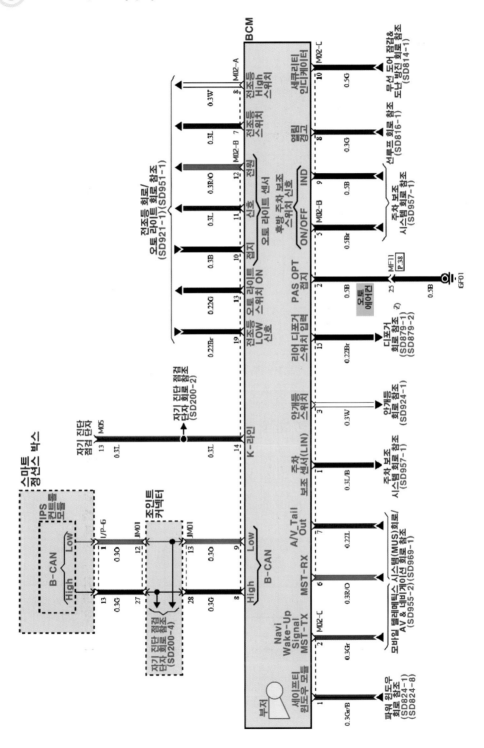

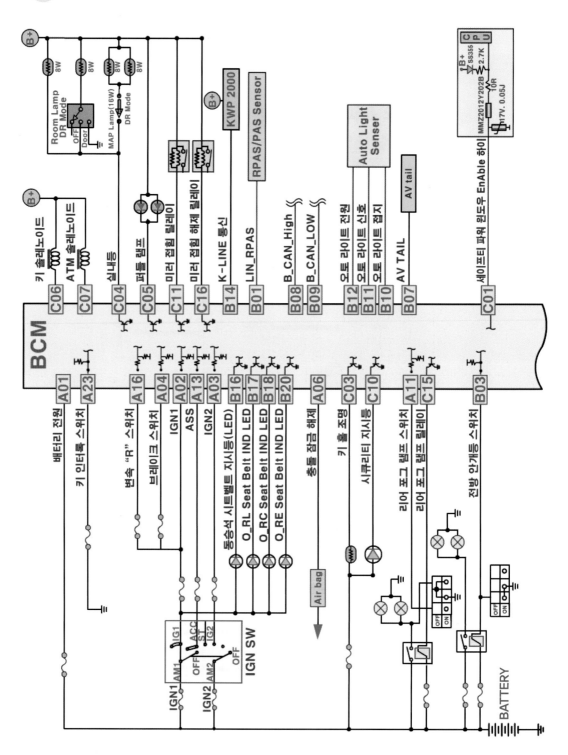

272

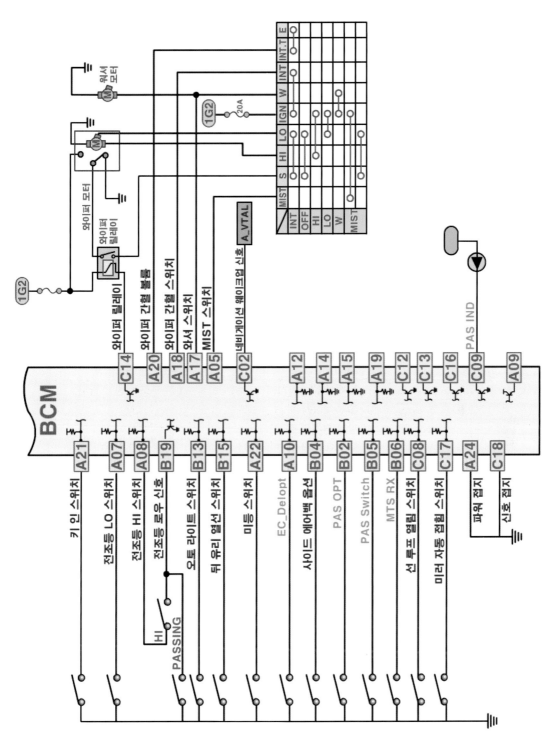

6 BCM 커넥터 번호(아반떼 MD 2016년식)

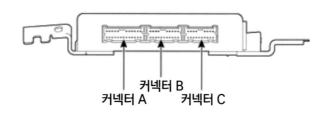

커넥터 B
커넥터 A   커넥터 C

NO	커넥터 A	커넥터 B	커넥터 C
1	배터리 전원	LIN 통신(RPAS)	세이프티 파워 윈도우 EnAble 하이
2	IG1	—	내비게이션 웨이크 업 신호
3	1G2	전방 안개등 스위치	키 홀 조명
4	브레이크 스위치	사이드 에어백 옵션	실내등
5	MIST 스위치	—	퍼들 램프
6	충돌 잠금 해제	—	키 솔레노이드
7	전조등 LO 스위치	AV TAIL	ATM 솔레노이드
8	전조등 HI 스위치	CAN HIGH	선 루프 열림 스위치
9	—	CAN LOW	—
10	—	오토 라이트 접지	시큐리티 지시등
11	—	오토 라이트 신호	미러 접힘 릴레이
12	—	오토 라이트 전원	—
13	ACC	오토 라이트 스위치	—
14	—	K-LINE 통신	와이퍼 릴레이
15	—	뒤 유리 열선 스위치	—
16	변속 "R" 스위치	동승석 시트 벨트 지시등(LED)	미러 접힘 해제 릴레이
17	와셔 스위치	—	자동 접힘 스위치
18	와이퍼 간헐 스위치	—	파워 접지
19	—	전조등 로우 신호	—
20	와이퍼 간헐 볼륨	—	
21	키 인 스위치		
22	미등 스위치		
23	키 인터록 스위치		
24	신호 접지		

⑦ 바디 컨트롤 모듈 용어

용어	용어 해설	용어 해설(한글)
ACU	Airbag Control Unit	에어백 컨트롤 유닛
ABS	Anti-lock Brake System	안티 록 브레이크 장치
AEB	Autonomous Emergency Braking	자동 긴급 제동 장치
AMP	Amplifier	외장형 앰프
AVN	Audio Head Unit	오디오 헤드 유닛
B_CAN	Body Controller Area Network	바디 캔
BCM	Body Control Module	바디 컨트롤 모듈
BSD	Blind Spot DetectiON	후측방 경보
C_CAN	Chassis Controller Area Network	섀시 캔
CLU	Cluster Module	계기판
CARMERA	Rear View Carmera	후방 감시 카메라
DATC	Dual Automatic Temp Control	듀얼 전자동 에어컨
ESC	Electronic Stability Program	전자 제어 주행 안전 장치
EPB	Electronic Parking Brake	전자식 주차 브레이크
EMS	Engine Management System	엔진 제어 모듈
F_PUMP	Fuel Pump	연료 펌프
LDWS	Lane Departure Warning System	차선 이탈 경보 장치
M_CAN	Multi media Controller Area Network	멀티미디어 CAN
MDPS	Motor Driven Power Steering	모터 구동형 파워 스티어링
P_CAN	Powertrain Controller Area Network	파워트레인 CAN
SJB	Smart Junction Block	스마트 정션 블럭
SMK	Smart Key Unit	스마트 키 유닛
PAS	Parking Assist System	주차 보조 시스템
TCU	Transmission Control Unit	자동변속기 제어 모듈
TMU	Telematics System	AVN 시스템

⑧ BCM 입력 단자 전압표

NO	입력 번호 명칭	논리 상태	ON/OFF 전압 인식 레벨(V)	비고
A01	L_B+	ON = BAT	9~16V	
A02	L_IGN 1	ON = BAT (IG 키가 ON 또는 START 위치)	7V이상/4V이하	
A03	L_IGN 2	ON = BAT (IG 키가 ON 위치)	7V이상/4V이하	
A04	L_BRAKE SW	ON = GND	7V이상/4V이하	
A05	L_MIST SW	ON = BAT	7V이상/4V이하	
A07	L_Head Lamp Low SW	ON = GND	2V 이하/OPEN (참고치 4V 이상)	
A08	L_Head Lamp High SW	ON = GND	2V 이하/OPEN (참고치 4V 이상)	
A13	L_ACC	ON = BAT	7V이상/4V이하	
A16	L_NH"R"SW	ON = BAT	7V이상/4V이하	
A17	L_WASHER SW	ON = BAT	7V이상/4V이하	
A18	L_WIPER INT SW	ON = BAT	7V이상/4V이하	
A20	L_WIPER INT VOLUME	–	–	A/D
A21	L_KEY IN SW	ON = GND	2V 이하/OPEN (참고치 4V 이상)	
A22	L_TAIL LAMP SW	ON = GND	2V 이하/OPEN (참고치 4V 이상)	
A23	L_KEY INTER LOCK SW	ON = OPEN	2V 이하/OPEN (참고치 4V 이상)	
B01	LIN(RPAS)	–	–	통신
B03	L_FRONT FOG LAMP SW	ON = GND	2V 이하/OPEN (참고치 4V 이상)	
B04	L_SIDE AIR OPT	ON = GND	2V 이하/OPEN (참고치 4V 이상)	
B08	CAN(HIGH)	–	–	통신
B09	CAN(LOW)	–	–	통신
B11	A_AUTO LIGHT SIGNAL	–	–	AD
B13	A_AUTO LIGHT SW	ON = GND	2V 이하/OPEN (참고치 4V 이상)	
B14	DIAGNOSIS(K-Line)	–	–	통신
B15	L_DEFOGGER SW	ON = GND	2V 이하/OPEN (참고치 4V 이상)	

⑨ 전자 제어 시간 경보 장치의 제어 원리

전자 제어 시간 경보 장치는 많은 기능을 가지고 있으나 제어 원리는 비교적 단순하다. 전압 형태의 각종 스위치 입력 정보를 1과 0의 2진법에 의해 ON, OFF를 판단하고, 특정 기능의 작동 조건이 되면 정해진 순서에 따라 각종 램프lamp 또는 릴레이relay 를 작동시켜 운전자의 편의를 제공한다.

그림은 전자 제어 시간 경보 장치에서 사용하는 가장 기본적인 회로도이며, 입력 쪽의 입력 정보가 특정 조건에 부합하면 출력 쪽에서는 특정 기능을 수행하기 위해 출력하는 원리이다. 예를 들면, 회로에서 램프가 특정 조건에서 점등되도록 하려면 전자 제어 시간 경보 장치의 컴퓨터에는 입력 A, B가 어떤 조건에서 C를 출력하도록 논리logic 가 입력되어 있다.

만약, 스위치 1과 2 모두 ON일 때 릴레이를 작동하는 논리라면 컴퓨터는 스위치 1과 2가 작동할 때 전압의 변화로 ON, OFF를 판정하며, 두 스위치의 전압이 0V이면 ON으로 판정하여 출력 쪽 트랜지스터가 ON이 되어 릴레이가 작동하여 램프가 점등된다.

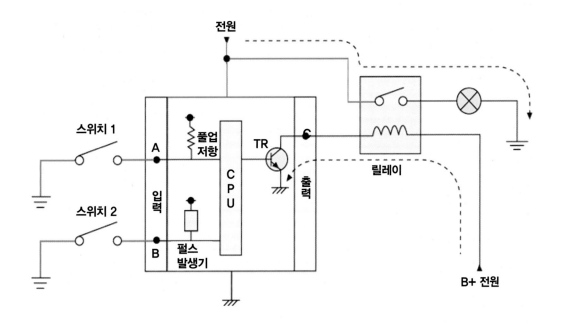

⑩ 스위치 판단 방법

전자 제어 시간 경보 장치가 스위치 정보를 판단하는 방법에는 정전압 방식cONstant voltage type과 스트로브 방식strobe type이 있다. 전자 제어 시간 경보 장치는 스위치 판단 방법과는 관계없이 입력 신호의 전압 크기를 이용하여 스위치의 ON, OFF를 판정한다. 따라서 컴퓨터는 몇 V가 입력되면 ON이고, 몇 V가 되면 OFF인지를 판정할 수 있는 판정 기준이 있어야 하며, 이 판정 기준을 ON, OFF 판정 수준 논리라 한다.

🔔 스트로브strobe란?

반복 현상하여 원하는 지점 또는 위치를 선택하는 것 또는 선택한 장소를 확인하는 장치이다. 로터rotor의 회전축에 회전속도의 배수인 빛을 비추어 회전속도를 검출하거나 주기 파장에 대하여 주파수가 같고 좁은 펄스를 비트bit시켜 선택 점에 대한 주기 파장의 진폭을 측정한다.

(1) 정전압 방식: 정전압 방식은 풀업 저항 방식과 풀다운 전압 방식이 있다.

① **풀업 저항 방식**pull up resistance type

전자 제어 시간 경보 장치는 풀업 전압 5V가 항상 출력되며, 스위치가 OFF일 때 입력 쪽에 5V가 공급되나 ON일 때에는 풀업 전압이 접지로 흘러 입력 쪽은 0V가 되며, 파형은 0~5V로 변화된다. 전자 제어 시간 경보 장치는 이 전압을 이용하여 스위치 ON, OFF를 판단한다. 풀업 저항 방식은 스위치가 ON일 때 접지되는 경우에 사용하며, 전자 제어 시간 경보 장치로 입력되는 대부분의 스위치는 풀업 저항 방식을 사용한다. (OFF = 5V, ON = OV)

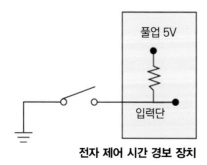

전자 제어 시간 경보 장치

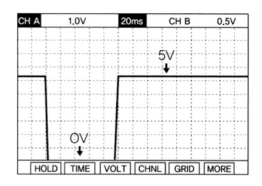

풀다운 저항에서 스위치 ON. OFF 하였을 때 Tester에 나타나는 전압은?

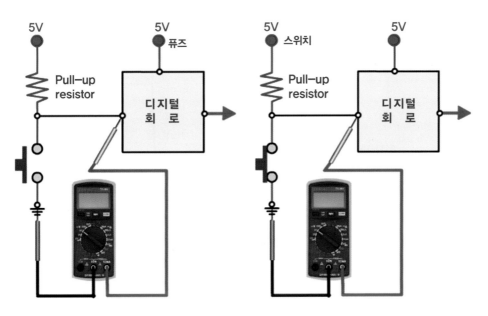

풀이

풀업 저항을 통해서 디지털 회로가 전원 +5V로 연결이 되어 있기 때문에 스위치 가 OFF되면 High(5V) 상태가 된다. 입력 상태가 되는 것이다.

스위치가 ON되면 Low 상태가 된다. 버튼이 GND와 연결되어 있어서 전원으로 부터 전류가 디지털 회로로 가지 않고 모두 버튼쪽으로 흘러가게 되기 때문에 0V가 된다.

그리고 풀업 저항이 없으면 스위칭시 과도한 전류가 흐를 개연성이 많기 때문에, 디바이스의 회로에 안 좋은 영향을 끼칠 수가 있다. 이런 문제도 풀업(또는 풀다 운) 저항으로 해결할 수가 있다

▣ **OFF=5V. ON=0V**

① **풀다운 전압 방식**pull down voltage type

전자 제어 시간 경보 장치는 스위치가 ON일 때 12V 전압이 입력 쪽으로 공급되고, OFF일 때에는 0V가 된다. 이 방식은 스위치가 ON일 때 [+]전원(12V)이 인가되는 경우에 사용한다. (OFF=0V, ON=12V)

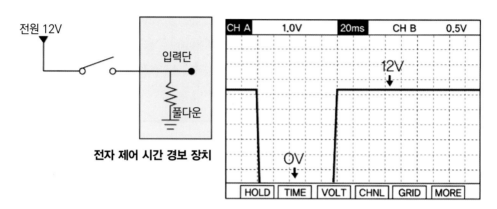

전자 제어 시간 경보 장치

예제 1

풀다운 저항에서 스위치를 ON, OFF시켰을 때 Tester에 나타나는 전압은?

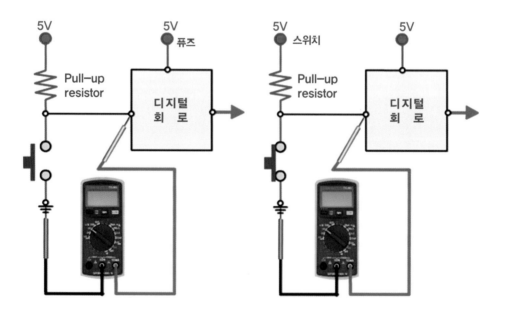

- 스위치가 OFF될 때, 논리적으로 Low레벨 상태를 유지하기 위해 신호의 입력·출력 단자와 접지 단자 사이에 접속하는 저항 풀다운은 풀업과는 반대로 연결되어 있다. 즉, 스위치와 저항의 위치가 풀업과는 다르게 바뀌어 있다.

그래서 스위치가 OFF되면 Low 상태가 되고, 스위치가 ON되면 High 상태가 된다. 일반적으로 MCU의 입력 부분에는 저항이 달려있는데, 풀업, 풀다운 저항보다 아주 아주 큰값이므로 전압 분배 법칙에 의해 대부분의 전압이 MCU의 입력 부분으로 흘러 High 상태가 된다.

▣ OFF=5V, ON=0V

(2) 시간 경보

전자 제어 시간 경보 장치 내의 펄스^{pulse} 발생 기구에는 0~5V 펄스가 10ms 간격으로 항상 출력된다. 따라서 스위치가 OFF일 때 입력 쪽에는 그림과 같은 형태의 펄스가 입력되고, 스위치가 ON일 때에는 풀업 전압이 접지로 흘러 0V가 입력된다. 전자 제어 시간 경보 장치는 입력 쪽의 신호가 약 40ms 동안 0V로 입력되면 스위치가 ON 되었다고 인식한다.

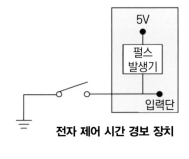

전자 제어 시간 경보 장치

(3) MOS 전계 효과 트랜지스터를 이용한 스위칭 방식

작은 신호의 증폭에는 접합형을 주로 사용하고, 전동기나 램프를 스위칭하는 용도에는 MOS형을 사용하며, 그림은 스위칭 작용에 대한 한 예이다.

자동차에서 12V−60W인 램프를 ON, OFF 하려고 할 때 회로에 흐르는 전류는 5A이다. 그러나 컴퓨터는 5A라는 큰 전류를 구동할 능력이 없기 때문에 0V 또는 는 5V를 출력하여 램프를 ON, OFF시킨다. 이와 같은 회로를 예전에는 릴레이를 사용하였으나 최근에는 MOS형 전계 효과 트랜지스터를 사용한다.

전계 효과 트랜지스터의 작동은 다음과 같다. 게이트의 전압이 0V이면 드레인에 전류가 흐르지 않으므로 램프는 소등OFF되고, 게이트 전압이 5V이면 드레인으로 전류가 흘러 램프가 점등ON된다. 이때 전계 효과 트랜지스터는 스위치와 같이 작동하므로 스위칭 작용을 한다고 말한다.

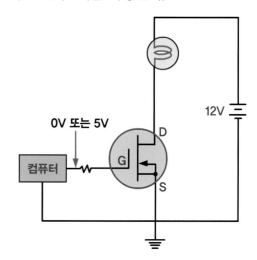

11 타임 차트 분석 방법

(1) 타임 차트의 가로축은 시간의 흐름에 따른 스위치나 액추에이터의 작동 상태를 나타낸다.

(2) 세로축은 작동 순서(입력과 출력)를 나타낸다.

(3) 그림의 타임 차트 1번의 경우 열선 릴레이 출력까지 열선을 제어할 때 필요한 입력 및 출력을 나타내며, 일반적으로 위는 입력이고 아래는 출력을 나타낸다. 1번 항목을 잘 살펴보면 열선을 제어할 때 입력이 발전기 L단자와 열선 스위치라는 것을 알수있으며, 출력은 열선 릴레이라는 것을 표시한다. 즉 각 제어의 입력과 출력은 1번 항목으로 나타낸다.

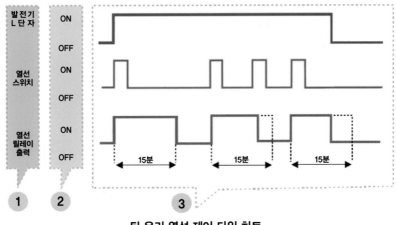

뒤 유리 열선 제어 타임 차트

(4) 그림의 타임 차트의 2번 항목은 입력과 출력 스위치의 상태를 나타낸다. 즉, 발전기 L단자가 OFF라 함은 엔진의 시동이 걸리지 않은 상태, ON은 시동이 걸린 상태이며, 열선 릴레이 출력의 ON은 릴레이 작동 상태, OFF는 릴레이가 작동하지 않는 상태를 말한다. 2번 항목에 나타나는 상태를 ON, OFF로만 이해하지 말고 각각 입력과 출력의 특성에 맞게 이해하면 된다.

(5) 그림의 타임 차트 3번 항목은 입력과 출력 요소들이 어떤 논리에 의해 시간과 작동이 결정되는지를 보여준다. 타임 차트를 살펴보면 열선이 작동하기 위해서는 먼저 발전기 신호가 입력되어야 하고 열선 스위치 신호가 입력되면 열선 릴레이의 출력이 이루어지는 것을 알 수 있다. 열선 스위치를 누르면 릴레이 출력이 나가고 다시 스위치를 누르면 출력이 정지하며, 열선이 작동하는 도중에 엔진의 작동을 정지시키면(발전기 L단자 OFF) 열선 출력이 정지되는 것을 알 수 있다.

02. BCM 기본 입력 전압 및 점검

1. 아래 회로에서 바디 컨트롤 모듈BCM 커넥터에서 기본(A01, A02, A13, A03) 전원 전압을 점검하시오.

※ ACC 전원은 점화 스위치 ACC 위치, 1GN 1, 2 전원은 점화 스위치 ACC 위치 에서 측정

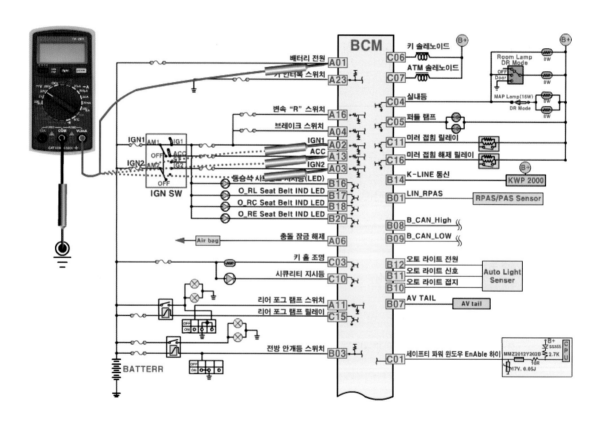

⚙️ 정상값 및 불량할 때 정비 방법

점검 요소	정상값		불량할 때 정비 방법
	ON	OFF	
배터리 전원	12V	-	• 불량하면(0V) 상시 전원에서 BCM A01 사이에 단선 되었으므로 퓨즈 단선, 커넥터 이완, 배선의 단선 등을 점검한다. • 12V보다 전압이 낮게 나오면 상시 전원에서 A01 사이에 저항이 있으므로 배선 눌림 등을 점검한다
IGN 1 전원	7V 이상	4V 이하	• 불량하면(0V) IGN 스위치에서 BCM A02, A13, A03 사이에 단선 되었으므로 퓨즈 단선, 커넥터 이완, 배선의 단선 등을 점검한다. • ON에서 전압이 낮게 나오면 IGN 스위치에서 A02, A13, A03 사이에 저항이 있으므로 배선 눌림 등을 점검한다. • 위의 점검에서 이상이 없으면 IGN 스위치 불량 여부 점검
ACC 전원	7V 이상	4V 이하	
IGN 2 전원	7V 이상	4V 이하	

🔒 참고

● 실무분석 회로 점검에서 12V는 엔진 시동되기 전은 배터리 전압, 엔진 시동 후에는 발전기 충전 전압(9~16V)
● 전압 측정에서 0V는 전압 검출되이 않음을 0V로 처리

2. 아래 회로에서 바디 컨트롤 모듈(BCM) 커넥터에서 기본(A24. C18) 전원 전압을 점검하시오.

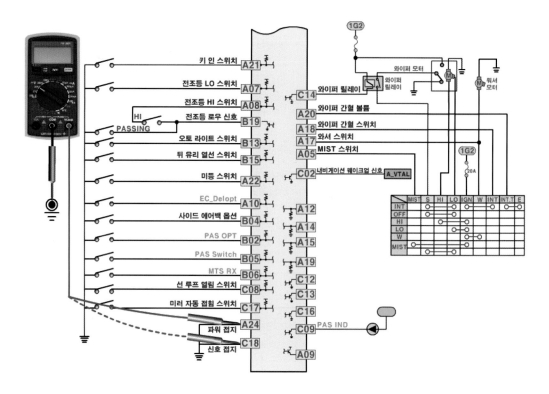

⚙ 정상값 및 불량할 때 정비 방법

점검 요소	정상값		불량할 때 정비 방법
	ON	OFF	
파워 접지 (A24)	0.2V 이하	–	• 불량하면(7V) A24에서 접지 사이가에 단선 되었으므로 접지의 접속 상태, 배선의 단선 등을 점검한다. • 0.2V 이상 나오면 접지부에 저항이 있으므로 접지부 연결 상태 등을 점검한다.
신호 접지 (C18)	0.2V 이하	–	• 불량하면(7V) C18에서 접지 사이가에 단선 되었으므로 접지의 접속 상태, 배선의 단선 등을 점검한다. • 0.2V 이상 나오면 접지부에 저항이 있으므로 접지부 연결 상태 등을 점검한다.

03. 와이퍼 제어

① 워셔 연동 와이퍼 개요 및 흐름도

성에를 제거하거나 앞 유리의 먼지를 제거할 때 와셔 액을 분출시키면 와이퍼 모터가 자동으로 앞 유리를 세척한다. 와셔 스위치를 작동시키면 와셔 스위치를 작동시킨 시간에 따라 와이퍼 모터를 구동한다. 점화 스위치를 ON으로 하고 와셔 스위치를 작동시키면 T2 후에 와이퍼 출력을 ON으로 한다. 와셔 스위치 OFF 후 2.5~3.0초 후에 와이퍼 출력을 정지시켜야 한다. 제어 시간은 T1이 0.6±0.2초이고, T2는 0.3±0.1초이다.

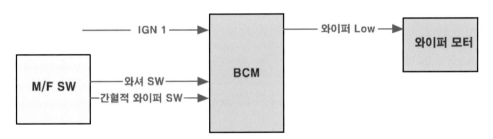

(1) IGN 2 ON 상태에서 워셔 스위치를 TI 동안 ON 하면 워셔 스위치 ON 시점부터 T2 경과 후 와이퍼 로우 릴레이를 ON하고, T3 경과 후 와이퍼 릴레이를 OFF 한다.

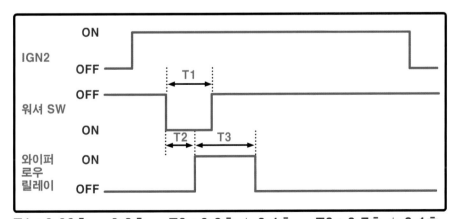

T1 : 0.06초 ~ 0.2초.   T2 : 0.3초 ± 0.1초.   T3 : 0.7초 ± 0.1초

(2) IGN 2 ON 상태에서 워셔 스위치를 TI 동안 ON 하면 워셔 스위치 ON 시점부터 T2 경과 후 와이퍼 로우 릴레이를 ON하고, T3 경과 후 와이퍼 릴레이를 OFF 한다.

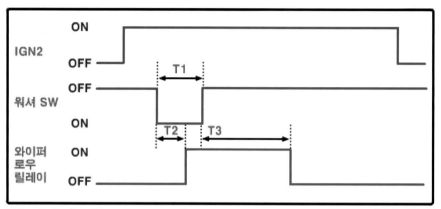

T1 : 0.2s(MIN).　T2 : 0.3초 ± 0.1s.　T3 : 2.5s ~ 3.8s(2~3회전)

(3) 와이퍼 INT SW에 의하여 와이퍼 동작 중에 워셔 SW TI 이상 ON 하면(2)항의 동작을 행하고, T6 동안 ON 하면(1항의)동작을 행한다.

(4) T3 출력 중 IGN OFF가 되면 동작을 취소한다.

(5) 차속 감응형 INT 와이퍼 기능보다 우선한다.

(6) 시동 시(IGN 1 ON & IGN 2 OFF 상태) 워셔 SW 입력은 무시할 것.

(7) SW의 ON시간을 채터링 시간에 포함한다.

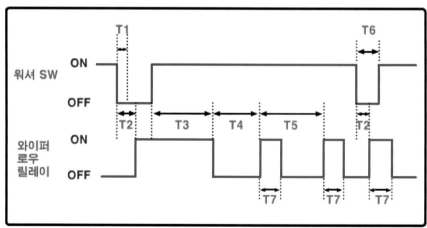

T1 : 0.2s(MIN).　T2 : 0.3s ± 0.1s.　T3 : 2.5 ~3.8s(2~3회전)
T4, T5 : 0.7s. T5 : IN TIME. T6 : 0.06s~0.2s. T7 : 0.7s±0.1s

② 프런트 와이퍼 미스트 기능

전원 터치 조작에 의해 와이퍼를 신속하게 1회 작동시킴으로써 안개 지역이나 이슬비가 내릴 때 유용하게 사용하는 기능.

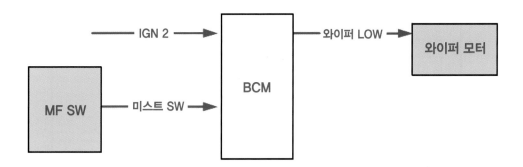

(1) IGN 2 ON시 와이퍼 미스트 스위치가 ON이 되면. 스위치에 의해 와이퍼가 제어된다.

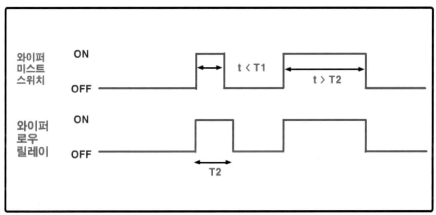

T1 : One Wiping   T2 : 0.3s Mist One Time

(2) IGN 2 ON 상태에서 MIST SW를 T1 이상 ON 하면 MIST SW ON 시점부터 즉시 와이퍼 로우 릴레이를 ON하고, MIST SW를 OFF한 시점부터 T2 경과 후 와이퍼 릴레이를 OFF 한다.

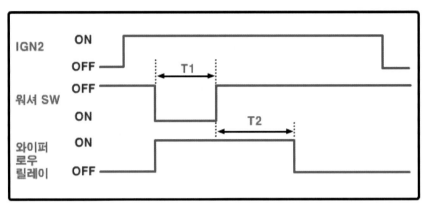

T1 : 0.7s(Min).   T2 : 0.7s ± 0.1s.

③ 간헐적 와이퍼^{VARIABLE WIPER}

간헐적인 비 또는 눈에 의한 와이퍼 제어를 운전자 의지에 알맞은 속도로 설정하기 위한 기능이다. 와이퍼스 위치를 작동시키면 간헐 볼륨에 설정된 속도에 따라 와이퍼 가 작동한다.

(1) IGN ON 상태에서 INT SW를 ON하면 INT Voulme 설정치에 따라 와이퍼 로우 릴 레이 간헐 작동시킨다.

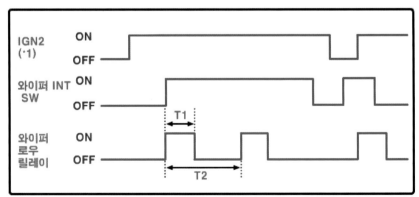

T1 : 0.7 ± 0.1초. T2 : INT TIME(2.2 ±0.2초～10±1초)
*1 ON : IGN2 = ON OFF : IGN2 = OFF

(2) 와이퍼 제어 주의 사항 VARIABLE INT WIPER

① 와이퍼 로우 릴레이 시간은 0.7s±0.1s이다

② 간헐 시간은 출력 ON시점부터 다음 출력 ON 시점까지이다.

③ 출력 중 INT SW를 OFF시켜도 와이퍼 로우 릴레이 출력은 남은 ON 시간을 유지한다.

④ IGN 2가 ON이고 와이퍼 SW가 OFF ⇒ ON시에는 간헐 시간을 재 시작한다.

⑤ 와이퍼 SW가 ON이고 IGN 2 SW가 OFF ⇒ ON시에는 간헐 시간을 재 시작한다.

⑥ VOLUME 값이 2.5V 이상일 경우는 2.5V로 고정 한다.

입력 전압(VOLUME)	간헐 시간(Sec)±10%
	차속 고정
0.0V	2.2 Sec
1.0V	3.0 Sec
1.5V	3.8 Sec
2.0V	5.6 Sec
2.5V	10 Sec

4 와이퍼 제어 점검

(1) 바디 컨트롤 모듈(BCM) 회로 커넥터에서 IGN 2 스위치를 ON시킨 후 와이퍼 릴레이(C14) 전원 전압을 점검하시오.

(2) 바디 컨트롤 모듈(BCM) 회로 커넥터에서 IGN 2 스위치를 ON시킨 후 간헐(INT) 스위치(A18) FAST(빠름), SLOW(느림)시 전압을 점검하시오.

(3) 바디 컨트롤 모듈(BCM) 회로 커넥터에서 IGN 2 스위치를 ON시킨 후 간헐(INT)볼륨 스위치(A20) FAST(빠름), SLOW(느림)일 때 작동 전압을 점검하시오.

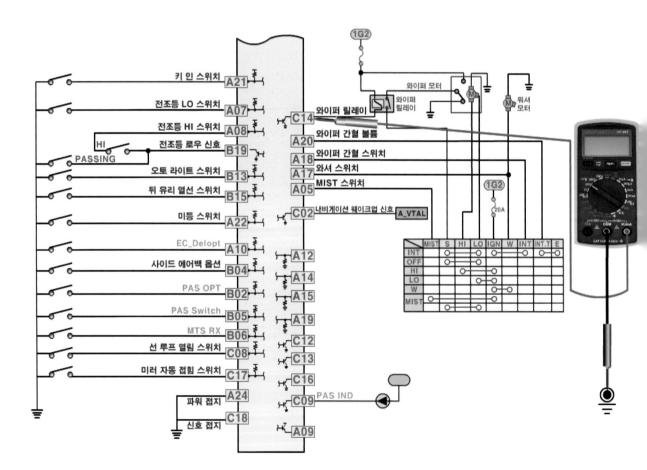

(4) 바디 컨트롤 모듈(BCM) 회로 커넥터에서 IGN 2 스위치를 ON시킨 후 와이퍼 스위치 미스트로(와이퍼 위로 계속 누르고 있으면서) 작동시키면서 MIST 스위치(A05)의 작동 전압을 점검하시오.

(5) 바디 컨트롤 모듈(BCM) 회로 커넥터에서 IGN 2 스위치를 ON시킨 후 와이퍼 와셔 스위치를 작동시키면서(A17) 작동 전압을 점검하시오.

⚙ 정상값 및 불량할 때 정비 방법

점검 요소		정상값		불량할 때 정비 방법
		ON	OFF	
(1번 문제) 와이퍼 릴레이 (C14)		12V	–	불량하면(0V) IGN 스위치에서 BCM C14번 사이에서 단선 되었으므로 퓨즈 단선. 커넥터 이완, 스위치 불량, 배선의 단선, 순으로 점검한다.
(2번 문제) 간헐 스위치 (A18)		12V	0V	불량하면 IG2 20A 퓨즈 단선, 와이퍼 스위치 커넥터 이완, 와이퍼 스위치 불량 순으로 점검한다.
(3번 문제) 간헐 볼륨 (A18)	FAST (빠름)	0.0V	–	• 간헐 작동에 따라 전압이 전혀 변하지 않고 와이퍼가 작동되지 않으면 2번 문제 IG2 20A 퓨즈 단선, 와이퍼 스위치 커넥터 이완, 와이퍼 스위치 불량 순으로 점검한다. • 간헐 작동이 되면서 전압값이 틀리면 와이퍼 스위치, 간헐 볼륨 저항 점검하여 불량하면 스위치를 교환한다.
	SLOW (느림)	2.5V	–	
(4번 문제) MIST 스위치 (A05)		12V	0V	불량하면 IG2 20A 퓨즈 단선, 와이퍼 스위치 커넥터 이완, 와이퍼 스위치 불량 순으로 점검한다.
(5번 문제) 와셔 스위치 (A17)		12V	0V	불량하면 IG2 20A 퓨즈 단선, 와이퍼 스위치 커넥터 이완, 와이퍼 스위치 불량 순으로 점검한다.

04. 버저 제어 BUZZER CONTROL

① BUZZER 음 개요 및 흐름도

경고음은 후진시 장애물의 거리에 따라 운전석 및 동승석 시트 벨트 미착용, 내비게 이션 경고음, 변속 레버 주차(P) 아닌 위치에서 IGN 키 탈거, 주차 브레이크 작동 상태 에서 자동차 주행시 경고음이 울린다.

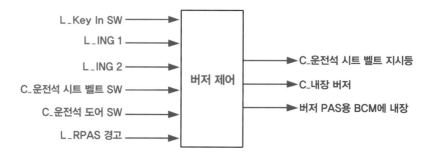

(1) BUZZER 음 사양

우선순위	명칭	주기	내구
1	GNQKDS 경고		
2	시트 벨트 경고	1s / 감쇄	SPEC
3	과속 경고		
4	키 작동 경고	0.6s / 감쇄	INFINITE
5	주차 브레이크 경고	0.6s / 감쇄	INFINITE

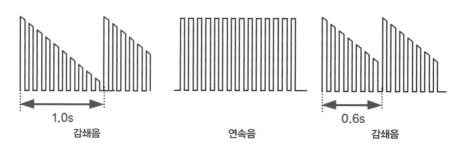

(2) 버저 출력: 버저 출력의 판단은 BCM이 하고 내장 버저로 테이터 송신

② 시트 벨트 경고

점화 스위치를 ON으로 하였을 때 운전자에게 안전벨트 착용을 알리는 안전벨트 경고등 점멸 및 경보음이 작동한다.

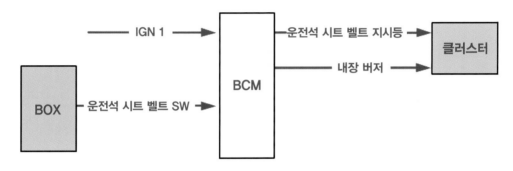

초기 조건	천이 조건	동작
IGN 1 OFF	운전석 시트 벨트 장착하고 IGN 1=ON	운전석 벨트 장착시 IGN 1 ON으로 변경
IGN 1 OFF	운전석 시트 벨트 미장착하고 IGN 1=ON	운전자 지시등 점멸 5.7초 버저 경고 운전석 벨트 미장착시 IGN 1 ON으로 변경
IGN 1 ON 운전석 시트 벨트 장착	운전석 시트 벨트 미장착	IGN 1 OFF로 변경
IGN 1 ON 운전석 시트 벨트 장착	IGN 1=OFF	운전자 지시등 점멸 ▪ 5.7초 버저 경고 ▪ 운전석 벨트 미장착시 IGN 1 ON으로 변경
IGN 1 ON DRIVER UNBELTED	IGN 1=OFF	▪ 운전자 지시등 점멸 ▪ 5.7초 버저 경고 ▪ 운전석 벨트 미장착시 IGN 1 OFF로 변경 ※ 벨트를 빼거나 IGN OFF시 　▪ 운전자 지시등 경고 　▪ 5.7초 버저 경고 중지

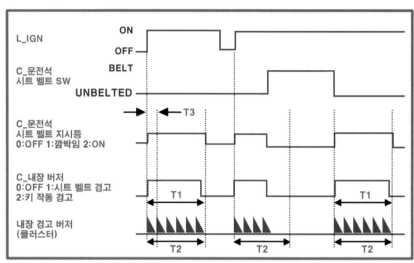

T1 : 5.7 ± 1초.   T2 : 6 ± 1초.   T3 : 1초 ± 0.1초

③ 키 작동 경고^{KEY OPERATED WARNING}

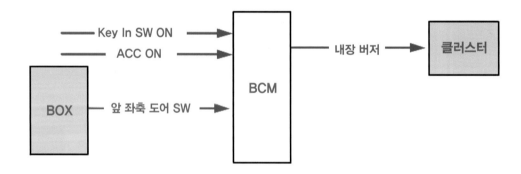

(1) KEY IN ON시킨 상태에서 도어 스위치를 ON시키면 내장 버저를 1초 주기로 연속
출력한다.

(2) 내장 버저 출력 중에 KEY IN OFF 또는 운전석 도어 스위치가 CLOSE 상태가 되
면 출력을 OFF 한다.

(3) 출력 중 IGN 1 ON시 출력을 OFF 한다.

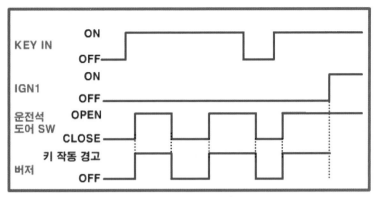

※ **KEY IN ON : L_KEY SW ON 또는 L_ACC ON**
※ **KEY IN OFF : L_KEY SW OFF 또는 L_ACC OFF**

④ 주차 브레이크 경고

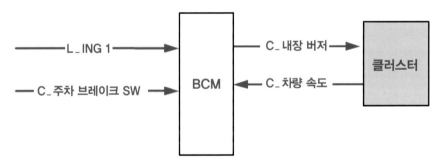

(1) 주차 브레이크 경고 제어 기능 입출력 리스트

기능	특징	명칭	
		하드웨어 레벨	스팩 명칭
입력	로직	C_주차 브레이크 SW	주차 브레이크 SW
		L_IGN 1	L_IGN 1
	CAN 통신	C-_차량 속도	클러스터에서 받은 차량 속도
출력	CAN 통신	C_내장 버저	※ 내장 경고 버저 0 : OFF 1 : 시트 벨트 경고 2 : 키 작동 경고 3 : 주차 브레이크 경고 4 : − 5. 키 학습 소리(SMK 없는 사양) 6 : 고장

(2) 작동 특성

운전자가 운전시 주차 브레이크가 해제되어 있지 않고 차량의 속도가 5km/h를 넘어가면 주차 브레이크를 풀도록 소리 경고음으로 알려준다.

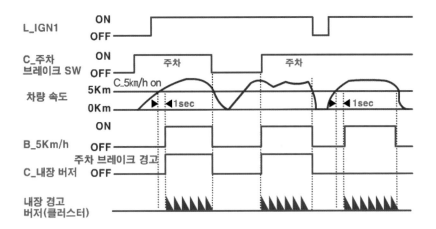

(3) 변수값(주차 브레이크 경고음 특성)

형식	자성 버저
주차 브레이크 경고음 주기	800 Hz
주차 브레이크 경고음 신호 듀티비	듀티 50%
주차 브레이크 경고음 주기	0.6 ± 0.06초
주차 브레이크 경고음 기간	무 한

05. IGN 키 홀 조명 KEY ILLUMINATION

① IGN 키 홀 조명 제어 개요 및 흐름도

점화 스위치를 OFF로 한 상태에서 운전석 도어를 열었을 때 점화 스위치 키 구멍의 조명을 점등시키고 점화 스위치 키 구멍 조명이 점등된 상태로 운전석 도어를 닫았을 경우 30초 동안 키 구멍의 조명을 ON 상태로 지연시킨 후 감광 소등하는 기능이다.

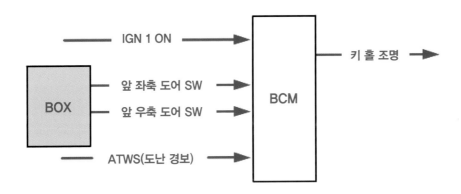

② IGN 키 홀 조명 제어

(1) IGN 1 OFF 상태에서 운전석 도어 스위치(또는 동승석 도어 스위치)를 오픈했을 때 키 홀 조명 출력을 ON 한다.

(2) 1) 항의 상태에서 20분 경과 후 키 홀 조명 출력을 OFF 한다.

(3) 1) 항의 상태에서 운전석 도어 스위치(또는 동승석 도어 스위치)를 닫았을 경우 30초간 키 홀 조명 출력을 ON 상태로 유지 후 OFF 한다.

(4) 1) 항의 동작중 IGN 1이 ON 되면 즉시 키 홀 조명을 OFF시킬 것

⑸ 도난 경보(ATWS) 상태가 ON 조건이면 키 홀 조명을 즉시 OFF 한다.

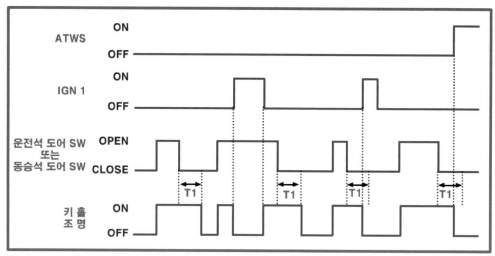

T1 : 30 ± 1초

● 아래 바디 컨트롤 모듈(BCM) 회로 커넥터에서 점화 키 홀 조명(C03) 전압을 점검
하시오. (IGN OFF 상태에서 운전석 혹은 동승석 도어를 열었다 닫고 측정한다.)

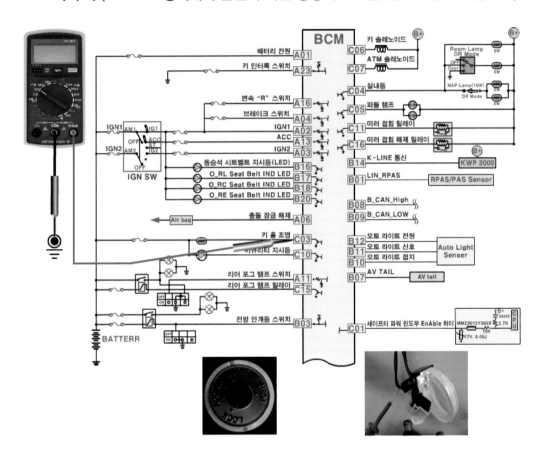

⚙ 규정값 및 불량할 때 정비 방법

점검 요소		규정값	불량할 때 점검 사항
키 홀 조명 (C03)	작동시	0V	• 불량(0V)하면 상시 전원에서 BCM C03 단자 사이에서 단선 되었으므로 실내등 10A 퓨즈 단선, 커넥터 이완, 배선의 단선 등을 점검한다. • 위 점검에서 이상이 없으면 계기판의 LED 램프 단선 혹은 계기판 고장이다.
	비 작동시	5V	
	작동 시간 도어 닫음	0V	

※ 도어를 닫지 않으면 점화 키 홀 조명은 20분 동안 점등 후 소등된다. ※ IGN ON 하면 점화 키 홀 조명 즉시 소등된다.

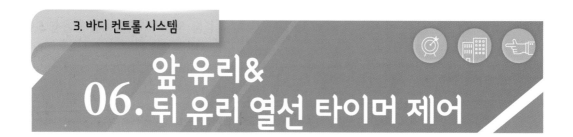

06. 앞 유리& 뒤 유리 열선 타이머 제어

① 뒤 유리 열선 타이머 제어 개요 및 흐름도

뒤 유리의 성에나 빙결을 제거하기 위하여 열선을 작동시킨다. 열선을 작동할 때에는 배터리의 방전을 방지하기 위하여 엔진이 가동되는 상태에서만 작동된다. 엔진이 가동하는 상태에서 열선 스위치를 작동시키면 약 20분 동안 열선 릴레이를 작동시켜 뒤 유리의 빙결을 제거한다. 뒤 유리 열선과 사이드 미러side mirror 열선은 동시에 작동한다.

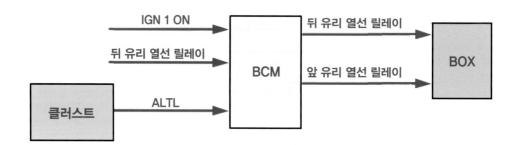

② 뒤 유리 열선 타이머 제어

(1) IGN 1 ON 상태에서 Alt L ON 후 뒤 유리 열선 스위치를 ON 하면 뒤 유리 열선 릴레이 및 앞 유리 열선 릴레이 출력을 20분간 ON시킨다.

(2) 뒤 유리 열선 릴레이 및 앞 유리 열선 릴레이 출력 ON 중에 다시 뒤 유리 열선 릴레이를 ON 하면 뒤 유리 열선 릴레이 및 앞 유리 열선 릴레이 출력을 OFF시킨다.

(3) 뒤 유리 열선 릴레이 및 앞 유리 열선 릴레이 출력 ON 중에 Alt L OFF 또는 IGN 1을 OFF시킨 경우에는 뒤 유리 열선 릴레이 및 앞 유리 열선 릴레이 출력을 OFF시킨다.

(4) 뒤 유리 열선 스위치를 누른 상태에서 Alt L ON시 뒤 유리 열선 릴레이 및 앞 유리 열선 릴레이 출력을 OFF상태로 유지한다.

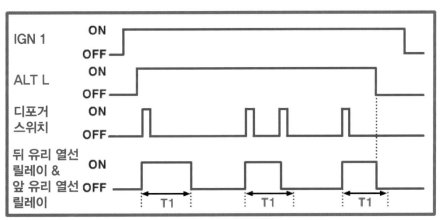

T1 : 20± 1분

③ 뒤 유리 열선 타이머 제어 점검

● 아래 회로에서 바디 컨트롤 모듈(BCM B15) 커넥터에서 엔진을 시동한 후 뒤 유리 열선 스위치 ON·OFF시 작동 전압을 점검하시오.

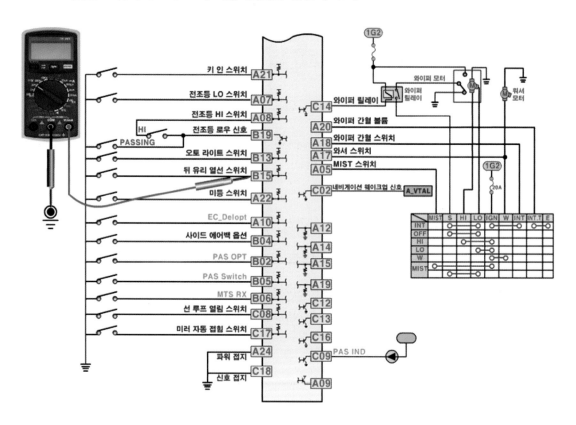

⚙ 규정값 및 불량할 때 정비 방법

점검 요소		규정값	불량할 때 점검 사항
뒤 유리 열선 스위치 (B15)	ON	0V	불량(0V)하면 상시 전원에서 BCM B15 단자 사이에서 단선되었으므로 스위치 불량, 커넥터 이완, 배선의 단선 순으로 점검한다.
	OFF	4V 이상	

07. 감광식 실내등 제어

① 감광식 실내등^{ROOM LAMP} 개요

(1) **맵 램프:** 렌즈를 한 번 누르면 해당 램프가 점등되고, 다 시 한 번 누르면 꺼진다.

(2) **DOOR:** 도어를 열면 켜지고 닫으면 약 30초간 켜진 후 소등된다. 또한, 리모컨 (또는 스마트 키)으로 도어를 잠금 해제하면 약 30초간 점등 후 감광 소등된다.

(3) 실내등이 30초 켜진 상태를 유지하는 동안 시동을 「ON」 하거나 모든 도어를 잠 그면 즉시 소등된다.

(4) 시동이 꺼진 상태 또는 「ACC」 위치에서 도어가 열리면 실내등이 최대 20분 동 안 켜진 후 꺼지나, 시동 「ON」 위치에서는 계속 점등된다. (뒷좌석 램프도 함께 점등)

(5) **스위치 OFF:** DOOR 모드가 작동하지 않는다. 단, 렌즈를 한 번 눌러서 램프를 켰을 경우 스위치를 「OFF」 상태로 놓아도 소등되지 않는다.

(6) **스위치 ON:** 도어의 개폐와 상관없이 항상 점등된다. (뒷좌석 램프도 함께 켜짐)

(7) **실내등 자동 소등 기능:** 실내등이 켜진 상태에서 엔진 시동을 끄고, 특정 조건이 만족되면 20분 후 실내등이 자동으로 소등되어 배터리가 방전되는 것을 방지할 수 있다.

(8) 도난 경보 장치가 장착된 차량은 차량용 키(리모콘 키, 스마트 키 포함)에 의해 경계 상태로 진입하면 약 5초 후에 자동으로 소등된다.

② 감광식 실내등^{ROOM LAMP} 흐름도

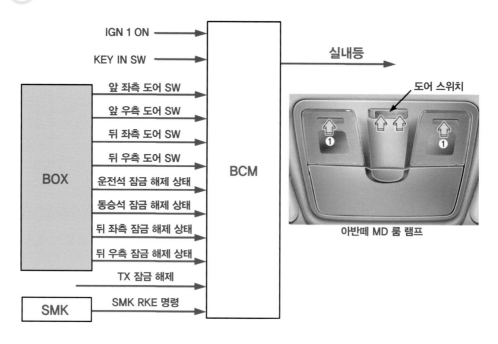

아반떼 MD 룸 램프

③ 감광식 실내등 제어

(1) 실내등^{Room Lamp} ON: 도어를 열어 놓은 상태에서는 20분 후 감광 소등이 된다.

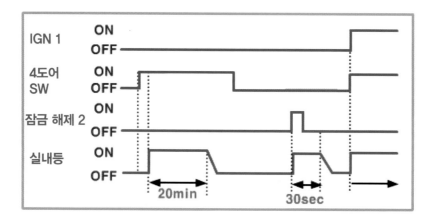

(2) 실내등 ON(30초 동안)

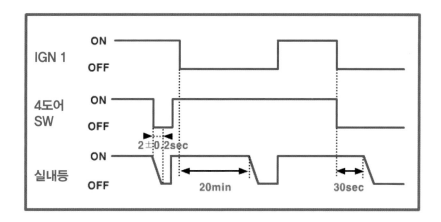

(3) 실내등 ON(20분 동안): 도어를 열어 놓은 상태에서는 0.1초 후 20분 점등 되었
다가 감광 소등이 된다

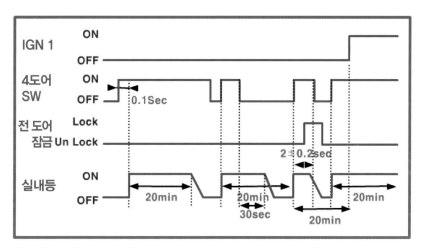

(4) 실내등 감광

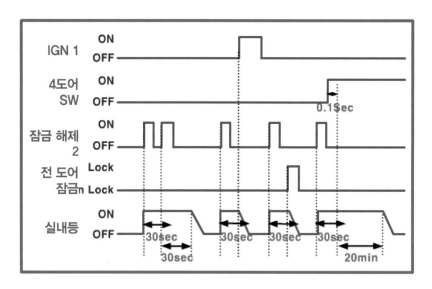

측장 전 도어 램프 스위치 ON 확인

측장 전 도어 램프 스위치 ON 확인

④ 감광식 실내등 점검

● 아래 바디 컨트롤 모듈(BCM) 회로 커넥터 (C04)에서 룸 램프 도어 스위치를 ON시킨 후 운전석 혹은 동승석 도어를 열었다, 닫고 실내등 작동 전압의 변화를 점검하시오.

① 도어 열림시 실내등이 점등됨(룸 램프 도어 스위치 ON)

② 도어 닫힘시(키 스위치 OFF시) 30초 후에 감광 소등 됨

③ 도어 스위치 ON 시간이 0.1초 이하인 경우 작동치 않음

④ 감광은 IG ON 상태에서는 도어 닫힘시 바로 소등됨

⑤ 도어를 열어 놓은 상태에서는 20분 후 소등 됨

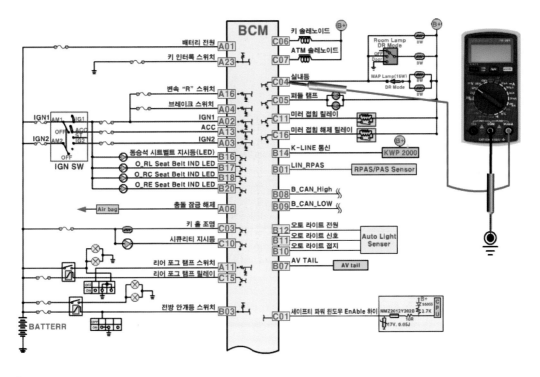

✿ 규정값 및 불량할 때 정비 방법

점검 요소		규정값	불량할 때 점검 사항
실내등 (C04)	점등	0V	불량하면 상시 전원에서부터 BCM C04 단자 사이에서 단선 되었으므로 퓨즈 단선, 룸 램프 스위치 불량, 룸 램프 LED 전구 단선, 커넥터 이완, 배선의 단선 순으로 점검한다.
	소등	12V	
	감광 시간	30초	

08. 파워 윈도우 타이머 제어

① 파워 윈도우 타이머 개요 및 흐름도

① IGN 1 ON시 세이프티 파워 윈도우 가능 & 파워 윈도우 메인 출력을 ON 한다.

② IGN 1 OFF시 30초간 세이프티 파워 윈도우 가능 & 파워 윈도우 메인 출력을 유지한 후 세이프티 파워 윈도우 가능 & 파워 윈도우 메인 출력을 OFF 한다.

③ 상기 2개 항의 조건 내에서 운전석 도어 스위치 또는 운전석 도어 스위치를 OPEN 할 경우 세이프티 파워 윈도우 가능 & 파워 윈도우 메인 출력을 즉시 OFF 한다.

④ 운전석 도어 스위치 또는 동승석 도어 스위치 OPEN 상태에서 IGN 1 OFF시 세이프티 파워 윈도우 가능 & 파워 윈도우 메인 출력을 OFF 한다.

② 타임 차트

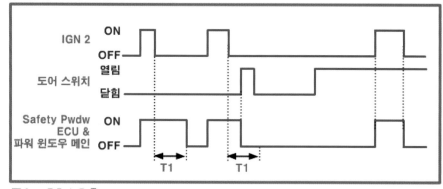

T1 : 30±3초

③ 파워 윈도우 타이머 회로 점검

(1) 아래 회로에서 바디 컨트롤 모듈(BCM) 커넥터에서 IGN 2 스위치 ON에서 IGN 스위치를 빼낸 후 세이프티 파워 윈도우 EnAble 하이에서(C01) 전압을 점검하시오. (30초 내)

※ BCM 은 IGN 1 OFF시 30초간 세이프티 파워 윈도우 가능 & 파워 윈도우 메인 출력을 유지한 후 세이프티 파워 윈도우 가능 & 파워 윈도우 메인 출력을 OFF 한다.

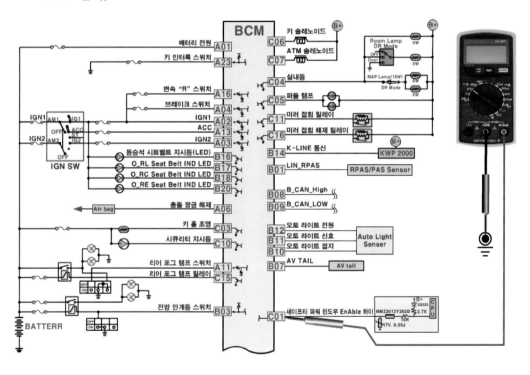

⚙ 규정값 및 불량할 때 정비 방법

점검 요소	규정값	불량할 때 점검 사항
세이프티 파워 윈도우 (C01)	작동시 : 0V 30초 후 12V	불량하면 C01 단자에서부터 세이프티 파워 윈도우 모듈 사이에서 배선의 단선, 커넥터 이완을 점검하여 이상이 없으면 세이프티 파워 윈도우 모듈을 점검한다

09. 도어 잠금·잠금 해제 제어

① 도어 잠금/잠금 헤제 제어 흐름도

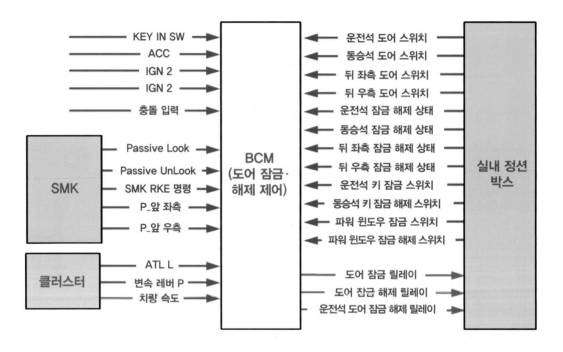

② 중앙 도어 잠금·잠금 해제 Central Door Lock / Unlock

(1) 운전석 도어 키 잠금 스위치가 ON 된 후 운전석 도어 키 잠금 해제 상태(또는 동 승석 도어 키 잠금 해제 상태)가 3초 이내 잠금이면, 전 도어 잠금 출력을 T1(0.5 초) 동안 ON 한다. 단, KEY IN ON 상태이고 IGN 1 ON시는 출력을 금지한다.

(2) 운전석 도어 키 잠금 해제 스위치가 ON시 운전석 도어 키 잠금 해제 상태가 3초 이내 잠금 해제가 되면 도어 잠금 해제 릴레이 출력을 T1(0.5초) 동안 ON시킨다.

(3) 동승석 도어 키 잠금 해제 스위치가 ON시 동승석 도어 키 잠금 해제 상태가 3초 이내 잠금 해제가 되면 도어 잠금 해제 릴레이 출력을 T1(0.5초)동안 ON시킨다.

(4) TX 잠금 ON 또는 SMK RKE 명령 = 잠금 또는 패시브 잠금 ON시 전 도어 잠금 출력을 T1(0.5초) 동안 ON시킨다. 단, 운전석 도어 스위치 ON 또는 동승석 도어 스위치 ON시 패시브 잠금 ON 신호는 무시한다.

(5) TX 잠금 해제 ON 또는 SMK RKE 명령 = 잠금 해제 또는 패시브 잠금 해제 시 전 도어 잠금 해제 출력을 T1 동안 ON시킨다.

(6) 파워 윈도우 잠금 스위치가 ON 되면 전 도어 잠금 출력을 T1 동안 ON시킨다.

(7) 파워 윈도우 잠금 해제 스위치가 ON 되면 전 도어 잠금 해제 출력을 T1 동안 ON시킨다. 단, ARM, ARMWAIT, REARM, ALARM 상태에서는 파워 윈도우 잠금 해제 스위치 ON 입력을 무시한다.

(8) 운전석 도어 잠금 해제 스위치, 동승석 도어 잠금 해제 스위치의 변동에 의한 잠금·잠금 해제는 비 연동임.(기계적인 작동임)

(9) 배터리 접속 시에 오작동은 없을 것.(KEY IN 스위치 입력에 의한 오작동이 없을 것)

(10) 출력 중 역방향 출력 요구가 있을 때에는 현재 출력을 즉시 OFF하고 100ms 지연 후 역방향 출력을 행한다. 단, 100ms 지연 중에 출력 요구가 있을 때에는 최후에 발생한 출력 요구에 대하여 출력을 행한다.

(11) 잠금 출력과 잠금 해제 출력 조건이 동시에 발생한 경우에는 잠금 출력을 행하고 잠금 해제 출력은 무시한다.

(12) 전 도어 잠금 출력 조건시 전 도어 잠금 상태이면 실제 출력이 없으며 전 도어 잠금 해제 출력 조건시 전 도어 잠금 해제 상태이면 실제 출력이 없다.

(13) 전 도어 잠금(잠금 해제) 스위치가 잠금(잠금 해제)상태와 관계없이 파워 윈도우 잠금 스위치(파워 윈도우 잠금 해제 스위치), TX 잠금, TX 잠금 해제, SMK RKE 명령=잠금, SMK RKE 명령=잠금 해제, 운전석 도어 키 잠금 스위치, 운전석 도어 키 잠금 해제 스위치, 동승석 도어 키 잠금 해제 스위치에 의한 잠금(잠금 해제)요구는 항상 출력한다.

(14) IGN 1 ON시 도어 키 잠금 스위치에 의한 잠금 출력은 금지한다.

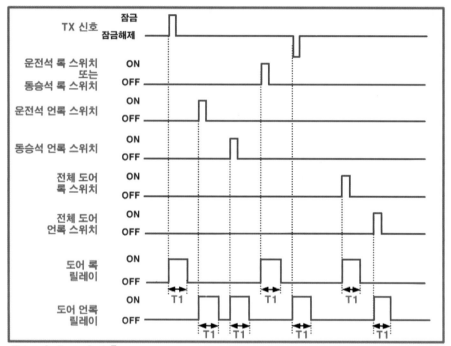

T1 : 0.5 ± 0.1초

◆ key in ON : key in 스위치 ON 또는 ACC ON

③ IGN 키 리마인더 IGN Key Reminder

(1) 이 기능은 차속이 3km/h 이상이면 동작하지 않는다.

(2) IGn KEY ON이고 운전석 도어 스위치가 OPEN이고, 운전석 도어 잠금 해제 스위치가 잠금 상태가 되면 0.5초 경과 후 1초 동안 전 도어 잠금 해제 출력을 행한다.

(3) IGn KEY ON이고 동승석 도어 스위치가 OPEN이고, 동승석 도어 잠금 해제 스위치가 잠금 상태가 되면 0.5초 경과 후 1초 동안 전 도어 잠금 해제 출력을 행한다.

(4) 2, 3항 동시 만족 시 3항에 준하여 0.5초 경과 후 1초 동안 전 도어 잠금 해제 출력을 행한다.

(5) 2, 3항에 의해 1초 동안 잠금 해제 출력하여도 잠금 상태를 유지하며 최대 3회(1초 출력 제외) 잠금 해제 출력을 행한다. (1초 주기: 0.5초 ON·OFF)

(6) 4항 실시 후 잠금 상태를 유지한 상태에서 운전석 도어 스위치 CLOSE 시 중앙 잠금 해제을 1회 시도한다.

(7) IGn KEY ON 상태에서 운전석 도어 잠금 해제 스위치가 잠금 해제 ⇒ 잠금 변화부터 0.5초 이내에 운전석 도어 스위치가 CLOSE 되면 1초 동안 전 도어 잠금 해제 출력을 1회만 행한다.

(8) IGn KEY ON 상태에서 동승석 도어 잠금 해제 스위치가 잠금 해제 ⇒ 잠금 변화부터 0.5초 이내에 동승석 도어 스위치가 CLOSE 되면 1초 동안 전 도어 잠금 해제 출력을 1 회만 행한다.

(9) IGn KEY ON 상태에서 운전석 도어 스위치가 OPEN ⇒ CLOSE 변화부터 0.5초 이내에 운전석 도어 잠금 해제 스위치가 잠금 해제 ⇒ 잠금되면 1초동안 전 도어 잠금 해제 출력을 1회만 행한다.

(10) IGn KEY ON 상태에서 동승석 도어 스위치가 OPEN ⇒ CLOSE 변화부터 0.5초 이내에 동승석 도어 잠금 해제 스위치가 잠금 해제 ⇒ 잠금되면 1초동안 전 도어 잠금 해제 출력을 1회만 평한다.

(11) IGn key ON 상태에서 운전석 도어 스위치 또는 동승석 도어 스위치 OPEN 후 파워 윈도우 잠금 스위치 ON시 키 리마인더 기능을 수행한다.

(12) RETRY 출력의 여부 판단은 RETRY 출력 개시 시점에 행한다. (최초 잠금 해제 출력부터 1.5초 후)

(13) 잠금 해제 조건 성립 후 0.5초 동안 조건을 유지하지 않아도 잠금 해제 출력을 행한다. 단, 운전석 도어 잠금 해제 스위치 또는 동승석 도어 잠금 해제 스위치가 잠금 해제 ⇒ 잠금 변화에 의한 조건 성립 후 0.5초 경과 시점에서 IGn KEY OFF이면 잠금 해제 출력을 하지 않는다.

④ 패시브 키 리마인더 잠금 해제^{SMK}

(1) 이 기능은 차속이 3km/h 이상이면 동작하지 않는다.

(2) 운전석 도어 스위치 = 열림 & 운전석 잠금 해제 상태가 잠금 상태 또는 동승석 도어 스위치 = 열림 & 동승석 잠금 해제 상태가 잠금 상태에서 패시브 잠금 해제 신호 수신시 1초 동안 전 도어 잠금 해제를 출력한다.

(3) 2항에 의해 1초 동안 잠금 해제 출력하여도 잠금 상태를 유지하면 최대 3회(1초 출력 제외) 잠금 해제 출력을 행한다. 1초 주기: 0.5초 ON·OFF)

⑤ 충돌 도어 잠금 해제^{Crash Door Unlock}

(1) IGN 1 ON 후 T1(1초) 경과 시점부터 충돌 입력 신호의 ON·OFF 판정을 시작하고, IGN_KEY_OFF시 충돌 입력 신호의 ON·OFF 판정을 종료한다.

(2) 충돌 입력 신호의 ON·OFF 판정 시작 이후 IGN_KEY_ON 상태에서 충돌 입력 신호가 ON이면, T2(5초) 동안 전 도어 잠금 해제 출력을 행한다.(충돌 잠금 해제 출력)

● 충돌 입력 신호는 16ms_LOW/4ms_HIGH 주기로 1회 입력될 때 충돌 입력 = ON으로 판정한다.

● BCM SLEEP 상태에서 입력되는 충돌 입력 신호는 무시한다.

(3) 상기 2항 후 충돌 잠금 해제 출력 중에 IGN_KEY_ON ⇒ OFF 하여도 충돌 잠금 해제 출력은 남은 시간 동안 유지한다.

(4) 상기 2항 후 T2 동안 충돌 잠금 해제 출력 중에 재차 입력되는 충돌 입력 신호는 무시한다.

(5) 충돌 잠금 해제 출력 후 BCM SLEEP 진입 이전 상태에서 어떤 한 도어가 잠금 해제 ⇒ 잠금 시에는 T2 동안 전 도어 잠금 해제 출력을 행한다.

(6) 충돌 도어 잠금 해제 조건에서는 오토 도어 잠금 기능을 수행하지 않는다.

(7) 충돌 도어 잠금 해제 기능은 타 기능에 의한 잠금·잠금 해제 제어보다 우선한다.

(8) 충돌 도어 잠금 해제 출력 중 및 출력 후에는 타 기능에 의한 잠금·잠금 해제 요구는 무시한다.

(9) 충돌 도어 잠금 해제 출력 후 BCM SLEEP 진입 또는 L_KEY IN=OFF & IGN 1=OFF & L_IGN 2=OFF가 되면 타 기능에 의한 잠금·잠금 해제 제어를 행한다.

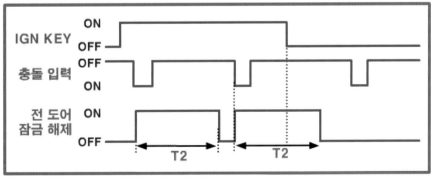

T1 : 40msec. T2 : 5±0.5sec

(10) 충돌 입력 신호에 대한 ON·OFF 판단 조건은 다음 그림과 같다.

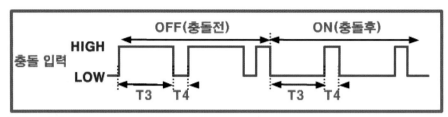

T3 : 16±2msec. T4 : 4±2msec

⑥ 점검

- 중앙 도어 잠금·잠금 해제: B CAN 통신 점검

- IGN 키 리마인더: B CAN 통신 점검

- 패시브 키 리마인더: B CAN 통신 점검

- 충돌 도어 잠금 해제: B CAN 통신 점검

10. 오토 도어 잠금·잠금 해제 제어

① 속도 감지에 의한 오토 도어 잠금 Auto Door Lock By Speed Sensing

(1) IGN ON 상태에서 기준 차속을 만족할 때 T1 이내 전 도어 잠금 출력을 행한다. "단" 전 도어 장금 또는 ALL DOOR FAIL이면 전 도어 잠금 출력을 행하지 않는다.

(2) 상기 조건에 의한 잠금 출력 후 어느 한쪽 DOOR가 잠금 해제 상태이면 최대 3회 잠금 출력을 행한다. (1초 주기). 단, 3회 출력 중에 잠금 해제 ⇒ 잠금으로 변한 DOOR는 무시한다.

(3) 3회 출력 후 잠금 해제 상태이면 해당 DOOR는 FAIL로 처리한다.

(4) FAIL로 처리된 DOOR가 변화(잠금 해제 => 잠금) 후 장금 해제가 되면 1회만 잠금 출력을 한다.

(5) 2항 잠금 출력 이후 잠금 상태이었던 DOOR가 잠금 해제이면 1회만 잠금 출력한다. 단, 잠금 출력 후 잠금 해제 상태를 유지하여도 해당 DOOR는 1회 잠금 출력한다.

(6) FAIL 처리된 DOOR는 IGN ON 〉 OFF시 CLEAR 한다.

(7) 충돌 잠금 해제 조건에서는 오토 도어 잠금 기능을 수행하지 않는다.

② **변속 레버 변화에 의한 자동 도어 잠금 해제**

(1) IGN ON & AltL ON 상태에서 100msec 이후 모든 도어(DRV DR SW & AST DR SW & RL DR SW & RR DR SW)가 닫히고 하나 이상의 도어 잠금 해제인 조건에서 변속 레버 P가 ON—OFF시에 전 도어 잠금을 출력한다.

(2) 충돌 잠금 해제 조건에서는 자동 도어 잠금 기능을 수행하지 않는다.

(3) SIDE AIR OPT = ON 설정시 자동 도어 잠금 기능을 수행하지 않는다.

③ **키 IN 조건에 의한 자동 도어 잠금 해제**

(1) KEY IN ON 후 KEY IN OFF시에 전 도어 잠금 해제 출력을 행한다. "단" 모든 도어가 잠금 해제 상태이면 잠금 해제를 출력하지 않는다.

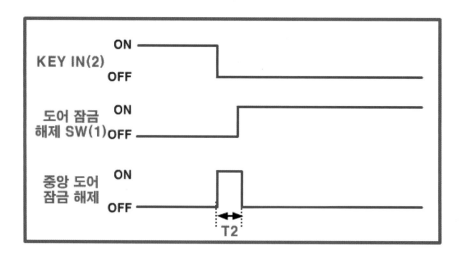

4 자동 도어 잠금 해제(SMK 사양)

● 하나 이상의 도어 잠금 상태에서 ACC ON ⇒ OFF 되고 80ms 후 IGN 1 & IGN 2 OFF 이면 전 도어 잠금 해제 출력을 행한다.

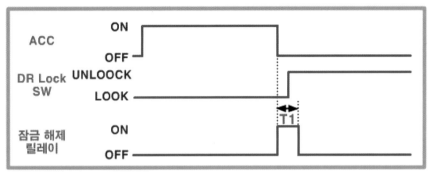

T1 : 0.5s ± 0.1s

5 운전석 도어 잠금 해제 상태에 따른 자동 도어 잠금 해제(사용자 옵션)

● 하나 이상의 도어 잠금 상태에서 운전석 잠금 해제 상태가 잠금 ⇒ 잠금 해제이면 전 도어 잠금 해제 출력을 T1 동안 1회 출력한다.

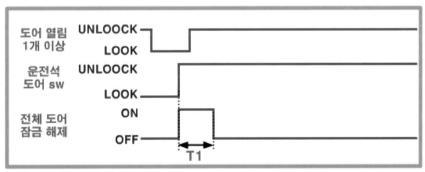

T1 : 0.5s ± 0.1s

6 점검

● 자기 진단 및 B_CAN 통신 점검
● 파형 측정 – 슬립 모드 진입 여부 확인 등

11. 트렁크 릴리즈 릴레이 제어

① 트렁크 릴리즈 제어^{Trunk Release Relay} 흐름도

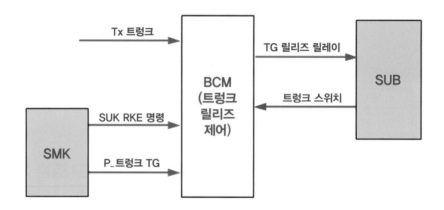

② 트렁크 릴리즈 럴레이 제어

(1) Tx 트렁크 신호를 수신하면 트렁크 릴리즈 릴레이를 T1 동안 ON시킨다.(SMK 아닌 사양)

(2) SMK RKE 명령 트렁크 신호를 수신하면 트렁크 릴리즈 릴레이를 500mS 동안 ON시킨다.(SMK 사양)

(3) 트렁크 릴리즈 스위치에 의한 트렁크 제어는 기계적인 작동임.

12. ATM 시프트 록 제어(AT 사양)

① ATM 시프트 록 제어(자동변속기 사양)흐름도

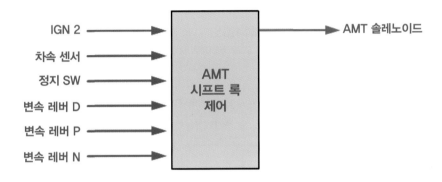

② 제어 로직

(1) IGN 1 ON시 인히비터 스위치 P ON 또는 인히비터 N ON 조건에서 Stop SW 입력이 ON(브레이크를 밟음)인 경우 ATM 솔레노이드 출력을 ON시켜 시프트 레버를 움직일 수 있는 조건을 만들어 준다.

(2) IGN 1 ON시 인히비터 D ON 조건에서 차속 7km/n 이하이고 Stop SW 입력이 ON(브레이크를 밟음)인 경우 ATM 솔레노이드 출력을 ON시켜 시프트 레버를 움직일 수 있는 조건을 만들어 준다.

③ 점검

(1) 아래 바디 컨트롤 모듈(BCM) 회로 커넥터에서 변속 레버 후진에 놓고 변속 R 스위치(A16)에서 전압을 점검하시오.

(2) 아래 바디 컨트롤 모듈(BCM) 회로 커넥터에서 브레이크 페달을 밟고 브레이크 스위치(A04)에서 전압을 점검하시오.

(3) 아래 바디 컨트롤 모듈(BCM) 회로 커넥터에서 브레이크 페달을 밟고 ATM 솔레노이드(C07)에서 전압을 점검하시오.

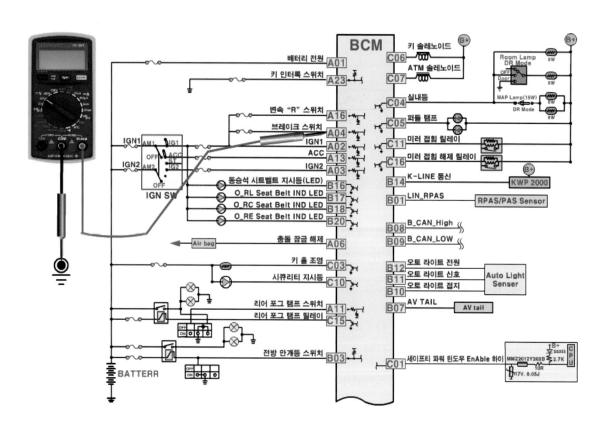

⚙️ 규정값 및 불량할 때 정비 방법

점검 요소	규정값		불량할 때 점검 사항
"R" 스위치 (A16)	변속 레버 R 위치	12V	불량하면 상시 전원에서부터 BCM A16 단자 사이에서 단선 되었으므로 퓨즈 단선, IGN SW 불량, 커넥터 이완, 배선의 단선 등을 점검한다.
	변속 레버 N 위치	0V	
브레이크 스위치 (A04)	브레이크 페달을 밟음	12V	불량하면 상시 전원에서부터 BCM A04 단자 사이에서 단선 되었으므로 퓨즈 단선, IGN SW 불량, 커넥터 이완, 배선의 단선 등을 점검한다.
	브레이크 페달을 놓음	0V	
ATM 솔레노이드 (C07)	브레이크 페달을 밟음	12V	불량하면 상시 전원에서부터 BCM C07 단자 사이에서 단선 되었으므로 ATM 솔레노이드 불량, 커넥터 이완, 배선의 단선 등을 점검한다.
	브레이크 페달을 놓음	0V	

13. 키 인터록 제어

① 키 인터록 제어 흐름도

② 제어 로직

(1) IGN 1 ON 또는 ACC ON 조건에서 키 인터록 스위치 입력이 OFF인 경우 Key 솔레노이드 출력을 ON시켜 키가 빠지지 않는 조건을 만들어 준다.

(2) 상기 이외 조건에서는 Key 솔레노이드 출력을 OFF시켜 키가 빠지는 조건을 만들어 준다.

(3) Key 솔레노이드 출력이 OFF에서 ON 작동시 0.9초~1.5초 동안 7~10V로 동작시키고, 그 후 전압은 6~9V 유지한다.

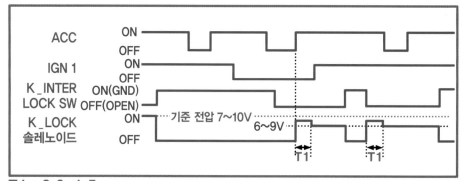

T1 : 0.9-1.5sec

③ 키 인터록 제어 점검

● 아래 바디 컨트롤 모듈(BCM) 회로 커넥터에서 변속 레버를 "P"에 놓고, IGN 1 ON 또는 ACC ON 후 OFF 상태에서 키 인터록 스위치(A23) 및 키 솔레노이드(C06) 에서 전압을 점검하시오.

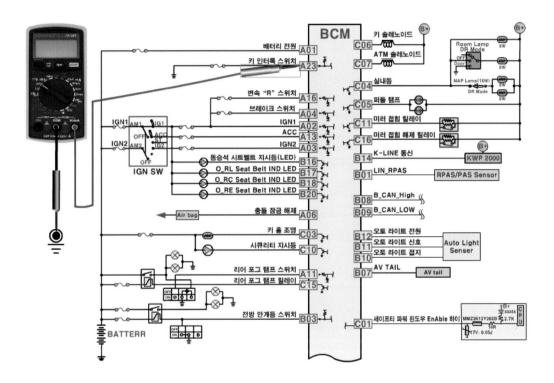

⚙ 규정값 및 불량할 때 정비 방법

점검 요소	규정값		불량할 때 점검 사항
	ON	OFF	
키 인터록 스위치 (A23)	0V	4V 이상	불량하면 상시 전원에서부터 BCM A 23번 단자까지 사이에서 단선 되었으므로 퓨즈 단선, IGN SW 불량, 커넥터 이완, 배선의 단선 순으로 점검한다.
키 솔레노이드 (C06)	6~10V	0V	불량하면 상시 전원에서부터 BCM C06번 단자까지 사이에서 단선 되었으므로 키 솔레노이드, 커넥터 이완, 배선의 단선 순으로 점검한다.

14. 미등 제어

① 미등 제어 흐름도

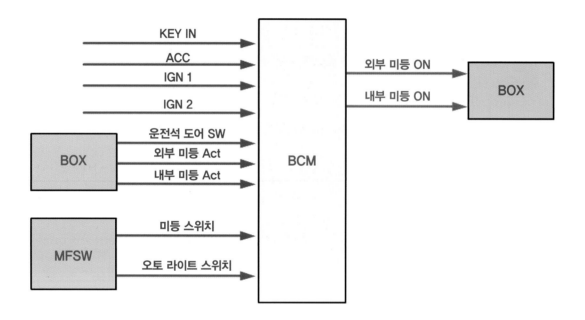

② 제어 로직

(1) 일반 기능 상태: 배터리 ON, 미등 OFF 상태에서 만약, 사용자가 미등 스위치를 ON시키면 미등은 ON 된다.

(2) 미등 오토 컷 기능 상태: 미등 오토 컷은 운전자가 미등 스위치를 OFF시키는 것을 잊었다고 해도 OFF시킬 수 있는 로직이 필요해서 생긴 것이다.

(3) KEY 삽입 후 미등 스위치로 미등을 ON시켰을 때, 만약 사용자가 KEY를 제거하고 운전석 도어를 연다면 미등은 자동적으로 OFF 되어야 한다.

(4) 미등 오토 컷 기능이 작동하는 동안 만약 사용자가 미등 스위치를 OFF 또는 키를 삽입하면 미등 오토 컷 기능은 작동하지 않을 것이고 미등은 ON 될 것이다.

- 미등 오토 컷 상태는 ECU에 저장되고 배터리를 리셋한 경우에도 삭제되지 않는다.

- 에스코트 기능 동작 중에 NO 미등 오토 컷 상태가 가능하고, 오직 에스코트 기능이 해제된 후에야 미등 오토 컷 상태로 적용될 수 있다.

(5) CAN 신호 미등 활동 상태: 미등 출력 조건이 성립할 때, 미등 활동 CAN 데이터(외부 미등 활동 및 내부 미등 활동)또한 ON 된다.

(6) 미등 출력 조건이 성립하지 않을 때, 미등 활동 CAN 데이터(외부 미등 활동 및 내부 미등 활동)또한 OFF 된다.

(7) 내부 신호 미등 활동 상태: 미등 출력이 ON일 때, 미등 활등 입력 신호 또한 ON 된다. 미등 출력이 OFF일 때, 미등 활동 입력 신호 또한 ON 된다.

③ 미등 제어 회로 점검

● 아래 바디 컨트롤 모듈(BCM) 회로 커넥터에서 미등 스위치를 ON, OFF 하면서 미등 스위치(A22) 전압을 점검하시오.

● 미등의 ON은 미등 스위치 ON 신호가 BCM에 입력되면 BCM에서 CAN 통신으로 IPS 컨트롤 모듈에 보내 IPS 컨트롤 모듈에서 미등 ON시킨다.

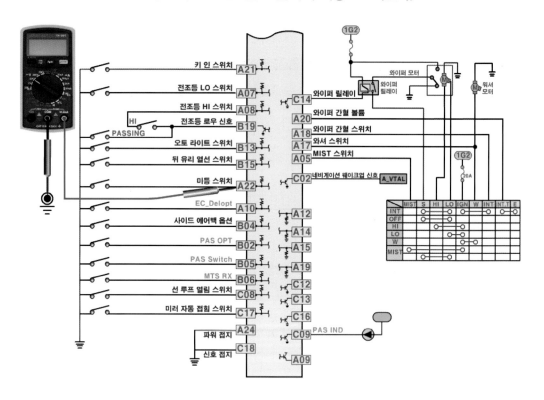

⚙ 규정값 및 불량할 때 정비 방법

점검 요소	규정값		불량할 때 점검 사항
	ON	OFF	
미등 스위치 (A22)	0V	4V 이상	불량하면 BCM(A22)단자에서부터 접지 사이에서 단선되었으므로 접지 연결 상태, 미등 스위치 불량. 커넥터 이완, 배선의 단선 순으로 점검한다.

15. 전조등 제어

① 아래와 같은 기능에 의해 작동한다.

- 전조등 로우 스위치 입력으로 전조등 로우를 ON·OFF시킨다.
- 에스코트 기능으로 전조등 로우를 ON·OFF시킨다.
- 오토 라이트 제어 요청으로 전조등 로우를 ON·OFF시킨다.
- 전조등 하이 스위치 입력으로 전조등 하이를 ON·OFF시킨다.
- 패싱 스위치 입력으로 전조등 하이를 ON·OFF시킨다.
- 전조등 로우 출력 조절
- 전조등 하이 출력 조절
- 전조등 하이 지시등 출력 조절

② 전조등 로우 신호 제어

- 전조등 로우 스위치를 ON 또는 오토 라이트 기능에 의해 전조등 로우 출력을 ON시키는 경우 전조등 로우 제어 출력을 같이 ON시킨다.
- 전조등 로우 출력이 ON ⇒ OFF시 전조등 로우 제어 출력을 OFF시킨다.

③ 전조등 하이 신호 제어

멀티 펑션 스위치에 의한 전조등 하이 입력 및 전조등 패싱 입력은 멀티 펑션 스위치 와이어링 회로와 같이 전조등 하이 스위치 단일 입력으로 처리한다.

- **전조등 하이 입력:** IGN 2 ON 상태이고 BCM에 의해 전조등 로우 제어 출력이 ON 상태에서 전조등 하이 스위치 ON시 전조등 하이 입력으로 판단한다.

- 전조등 패싱 입력 : IGN 2 ON 상태이고 전조등 로우 제어 출력이 OFF 상태에서 전조등 하이 스위치 ON시 전조등 패싱 입력으로 판단한다.

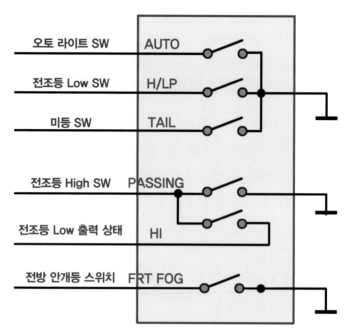

멀티 펑션 스위치 와이어링 회로

④ 전조등 웰컴 등

작동 조건	점등 램프		소등 조건
	전조등	미등	
TX 잠금 해제 1회	×	○	TX 잠금 해제 2회 또는 TX 잠금

⑤ 기능 개요

(1) 전조등 로우 컨트롤

IGN 단계에서, 만약 전조등 로우 스위치를 ON시키면 전조등 로우 출력이 ON 된다.

미등 OFF와 전조등 OFF 조건이 동시에 만족 될 때 전조등 로우와 미등은 즉시 OFF 된다.

(2) 전조등 하이 컨트롤

IGN 단계 그리고 전조등 로우 스위치 ON에서 만약 전조등 하이 스위치가 ON 되면 전조등 하이 출력이 ON 된다.

(3) 패싱 컨트롤

IGN 상태에서 만약 전조등 패싱 스위치 입력이 검출되면 그 때 전조등 하이 출력이 ON되고 동시에 전조등 로우 출력된다.

⑥ 에스코트 기능

사용자들이 전조등 로우 작동 후, 만약 IGN 스위치가 OFF 되면 전조등 로우 출력은 20분 동안 유지된다. 그리고 운전석 도어를 열고 닫은 후에도 사용자는 30초 동안 전조등 로우를 받을 수 있다.

에스코트 기능 중에 만약 잠금 요청을 2회 받거나 전조등 로우의 요청이 취소되면 이 기능은 해제된다.

▣ 잠금이 2회 동안 요청되는 다음과 같은 경우

(1) P_PRKECMD = 잠금

(2) C_SMK RKE 명령 = 잠금

(3) C_패시브 잠금 – 잠금

만약 운전석 도어가 열림 또는 닫힘 되면 이전 잠금 횟수는 소거되고 새로 2회 잠금 카운트를 시작한다.

🏛 참고

① 에스코트 기능이 동작하는 중에 미등은 ON 상태를 유지하고 오토 컷 기능을 하지 않고, 에스코트 기능을 마친 후에 사용자가 키를 제거한 경우 오토 컷 모드로 진행될 수 있다.

② 전조등 로우 스위치로 인한 에스코트 기능 동작 중에 만약 전조등 로우 스위치에서 램프 오토 스위치로 변경되면 램프 오토 모드가 램프 OFF 조건이 되므로 에스코트 기능은 정지된다.

③ 램프 오토 스위치로 인한 에스코트 기능 동작 중에 만약 램프 오토 스위치에서 전조등 로우 스위치로 변경되면 전조등 ON 조건이 되므로 에스코트 기능이 계속 유지된다.

④ IGN OFF 후 20분 동안 타이머가 동작 되어진다. 하지만 도어가 열림·닫힘 되자마자 30초 타이머는 시작된다.

⑦ 전조등 제어 점검

(1) 아래 바디 컨트롤 모듈(BCM) 회로 커넥터에서 전조등 LO 스위치를 ON, OFF시키면서 전조등 LO 스위치(A07) 전압을 점검하시오.

(2) 아래 바디 컨트롤 모듈(BCM) 회로 커넥터에서 전조등 HI 스위치를 ON, OFF시키면서 전조등 HI 스위치(A08) 전압을 점검하시오.

(3) 아래 바디 컨트롤 모듈(BCM) 회로 커넥터에서 전조등 패싱 스위치를 ON, OFF시키면서 전조등 LO 스위치(B19) 전압을 점검하시오.

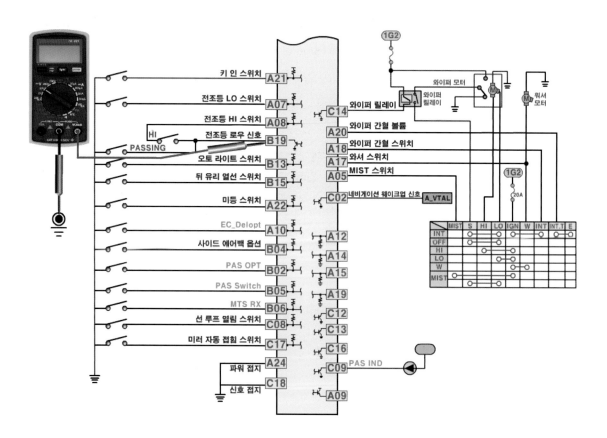

⚙️ 규정값 및 불량할 때 정비 방법(1번 문제)

점검 요소	규정값		불량할 때 점검 사항
	ON	OFF	
LO 스위치 (A07)	0V	4V 이상	불량하면 BCM(A07)단자에서부터 접지 사이에서 단선 되었으므로 접지 연결 상태, 미등 스위치 불량, 커넥터 이완, 배선의 단선 순으로 점검한다.

⚙️ 규정값 및 불량할 때 정비 방법(2번 문제)

점검 요소	규정값		불량할 때 점검 사항
	ON	OFF	
HI 스위치 (A08)	0V	4V 이상	불량하면 BCM(A08)단자에서부터 접지 사이에서 단선 되었으므로 전조등 HI 스위치 불량, 커넥터 이완, 배선의 단선 순으로 점검한다.

⚙️ 규정값 및 불량할 때 정비 방법(3번 문제)

점검 요소	규정값		불량할 때 점검 사항
	ON	OFF	
PASSING 스위치 (B19)	12V	4V 이상	불량하면 BCM(B19)단자에서부터 접지 사이에서 단선 되었으므로 접지 연결 상태, 패싱 스위치 불량, 커넥터 이완, 배선의 단선 순으로 점검한다.

16. 오토 라이트 제어

① 아래와 같은 기능에 의해 오토 라이트 기능은 작동한다.

- 오토 라이트 센서에 의한 입력 감지
- 오토 라이트 출력 상태 데이터 발생.
- 오토 라이트 출력 상태 전송.
- 오토 라이트 모드에 의해 미등 제어.
- 오토 라이트 모드에 의해 전조등 로우 제어.
- 오토 라이트 센서 레벨에 따라 AV Tail 제어

② 작동 전압

구분	미등	전조등	필터링 시간
ON	1.32 ± 0.1 V	1.32 ± 0.1 V	2.5 ± 0.1 초
OFF	3.24 ± 0.2 V	3.24 ± 0.2 V	2.5 ± 0.1 초

③ 오토 라이트 제어 기능 입력·출력

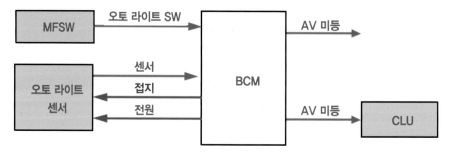

- MF SW: Multi function switch (다기능 스위치)
- CLU: 계기판(클러스터Cluster)

336

④ 오토 라이트 회로 제어 점검

(1) 아래 바디 컨트롤 모듈(BCM) 회로 커넥터에서 전조등 AUTO LIGHT 스위치를
ON, OFF시키면서 전조등 오토 라이트 스위치(B13) 전압을 점검하시오.

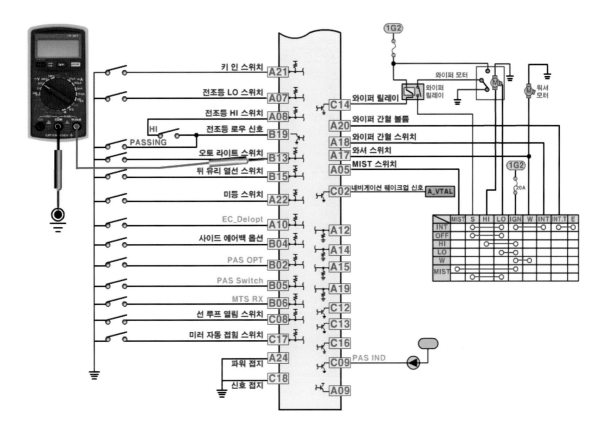

⚙ 규정값 및 불량할 때 정비 방법

점검 요소	규정값		불량할 때 점검 사항
	ON	OFF	
오토 라이트 스위치 (B13)	0.3V	4.5V 이상	불량하면 BCM(B13)단자에서부터 접지 사이에서 단선 되었으므로 접지 연결 상태, 전조등 오토 라이트 스위치 불량. 커넥터 이완, 배선의 단선 순으로 점검한다.

(2) 아래 바디 컨트롤 모듈(BCM) 회로 커넥터에서 전조등 AUTO LIGHT 스위치를 ON, OFF시키면서 전조등 오토 라이트 센서 전원(B12), 센서(B11), 접지(B10) 전압을 점검하시오.

※ 자동차를 밝은 곳에 주차하고 오토 라이트 센서에 가리개 하고 측정한다.

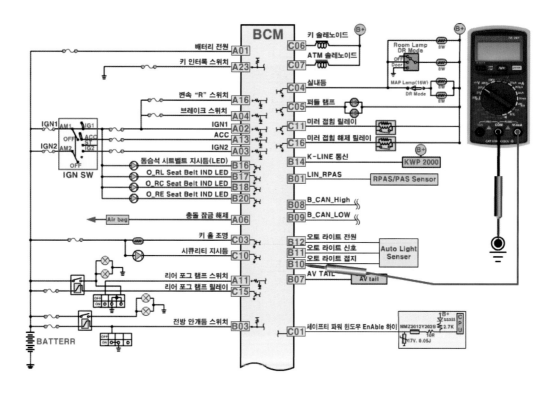

⚙ 규정값 및 불량할 때 정비 방법

점검 요소	규정값		불량할 때 점검 사항
	ON	OFF	
오토 라이트 센서 전원 (B12)	5V	–	불량하면 BCM(B12)단자에서부터 접지 사이에서 단선 되었으므로 접지 연결 상태, 전조등 오토 라이트 스위치 불량, 커넥터 이완, 배선의 단선 순으로 점검한다.
오토 라이트 센서 신호 (B13)	1.32± 0.1 V	3.24± 0.2 V	
오토 라이트 센서 접지 (B10)	0V	–	

17. 전방 안개등 제어

① 전방 안개등 제어

▣ 아래와 같은 기능에 의해 전방 안개등의 기능이 작동한다.

▣ 전방 안개등 스위치 입력에 따라 전방 안개등을 ON·OFF시킨다.

② 전방 안개등 입력·출력

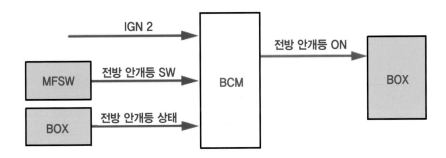

③ 일반 개요

미등의 출력이 ON인 경우, 만약 전방 안개등 스위치 입력이 검출되면 전방 안개등의 출력을 ON시킨다.

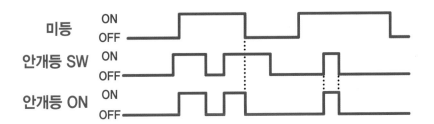

③ 전방 안개등 회로 점검

● 아래 바디 컨트롤 모듈(BCM) 회로에서 전방 안개등 스위치를 ON, OFF시키면서 전방 안개등 스위치(B03)단자 전압을 점검하시오.

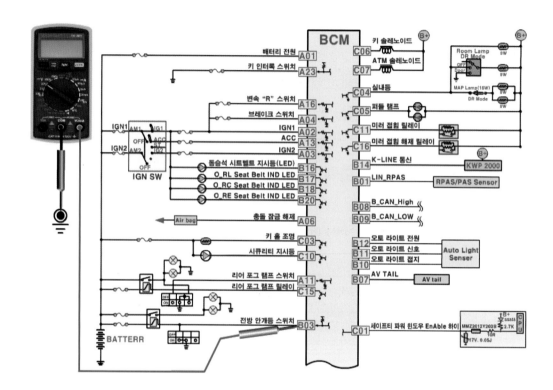

⚙ 규정값 및 불량할 때 정비 방법

점검 요소	규정값		불량할 때 점검 사항
	ON	OFF	
전방 안개등 스위치 (B03)	0V	4V 이상	불량하면 BCM(B03)단자에서부터 접지 사이에서 단선 되었으므로 접지 연결 상태, 전방 안개등 스위치 불량. 커넥터 이완, 배선의 단선 순으로 점검한다.

18. 퍼들 램프 제어

① 퍼들 램프 제어

번호	현재 상태	이벤트	결과
1	키 OFF	RKE 또는 SMK에 의해 잠금 해제 요청 (만약 기계적인 키가 있으면 키 잠금 해제 요청을 추가)	퍼들 램프 점점 밝아짐.
2	웰컴등 옵션	웰컴 램프 신호 ON	
3	퍼들 램프 흐릿해짐	RKE 또는 SMK에 의한 잠금 해제 요청 (만약 기계적인 키가 있으면 키 잠금 해제 요청을 추가)	
4		웰컴등 옵션 ON 웰컴 램프 신호 ON	
5	키 OFF, 키 IN, 어떤 한 도어라도 장금 해제	밝아짐이 끝남	14초 동안 퍼들 램프 ON
6	키 OFF, 키 IN, 웰컴 램프 옵션 ON, 웰컴 램프 신호 ON		
7	퍼들 잠시 켜짐	RKE 또는 SMK에 의한 잠금 해제 요청 (만약 기계적인 키가 있으면 키 잠금 해제 요청을 추가)	추가적으로 퍼들 램프가 14초 더 켜짐
8	퍼들 램프 ON	14초 동안 퍼들 램프 ON	퍼들 램프 점점 흐려짐.
9		ACC, IGN,ST	
10		RKE 또는 SMK에 의한 잠금 요청 (만약 기계적인 키가 있으면 키 잠금 요청을 추가)	
11		웰컴 램프 신호 OFF (웰컴 램프 옵션 ON인 경우)	
12		모든 도어 장금	
13		DISARM -> ARM	
14	퍼들 램프 밝아짐.	ACC, IGN , ST	
15		RKE 또는 SMK에 의한 잠금 요청 (만약 기계적인 키가 있으면 키 잠금 요청을 추가)	
16		웰컴 램프 신호 OFF (웰컴 램프 옵션 ON인 경우)	
17		모든 도어 장금	
18		DISARM -> ARM	
19	퍼들 램프 흐려짐	퍼들 램프 흐려짐이 끝남	퍼들 램프 OFF

② 퍼들 램프 입력·출력

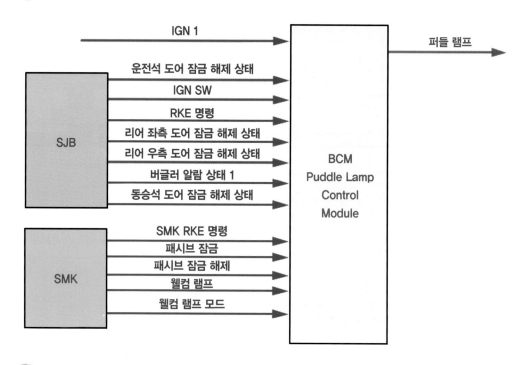

③ 일반 개요

(1) 행동 특성

퍼들 램프는 아웃 사이드 미러에 장착되고 LED 타입이다. 차량이 멈추면 퍼들 램프는 RKE, SMK, 프런트 도어 또는 IGN 상태에 따라서 작동된다.

(2) 신호 활동

① 퍼들 램프의 밝기는 램프가 OFF ⇒ ON으로 될 때 또는 램프가 ON ⇒ OFF가 될 때 작동된다.

② 퍼들 램프가 밝아지는 경우 PWM 듀티가 최대 퍼들 램프 밝기에서 최소 퍼들 램프 밝기로 1초 동안 증가한다.

③ 퍼들 램프가 흐려지는 경우 PWM 듀티가 최대 퍼들 램프 밝기에서 최소 퍼들 램프 밝기로 0.5초 동안 감소한다.

④ 퍼들 램프가 밝아지거나 흐려지는 경우에 새로운 ON·Half, ON·OFF가 발생하면 차트에 따라서 밝기를 제어한다.

● 퍼들 램프 듀티

명칭	값
ON 듀티	100%
OFF 듀티	0%

● 퍼들 램프 작동 최대 시간

명칭	값
밝아지는 최대 시간	1 초
흐려지는 최대 시간	0.5초

④ 퍼들 램프 제어 점검

● 아래 바디 컨트롤 모듈(BCM) 회로에서 IGN SW를 탈거한 상태에서 도어 열었다, 닫았다 하면서 퍼들 램프(C05)단자 전압을 점검하시오.

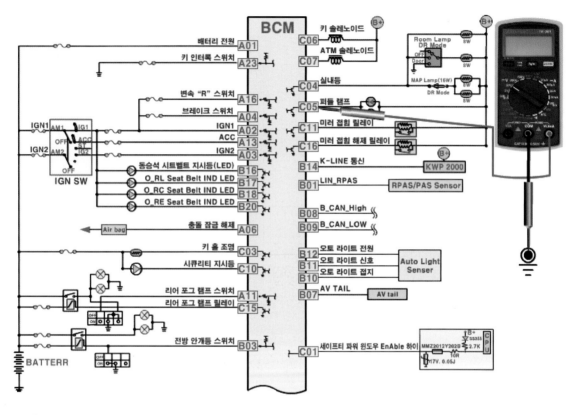

⚙️ 규정값 및 불량할 때 정비 방법

점검 요소	규정값		불량할 때 점검 사항
	ON	OFF	
퍼들 램프 스위치 (C05)	0V	12V	불량하면 상시 전원에서부터 BCM(C05)단자 사이에서 단선 되었으므로 퍼들 램프 단선, 커넥터 이완, 배선의 단선 순으로 점검한다.

19. 에탁스 회로

① EF 소나타 에탁스 회로

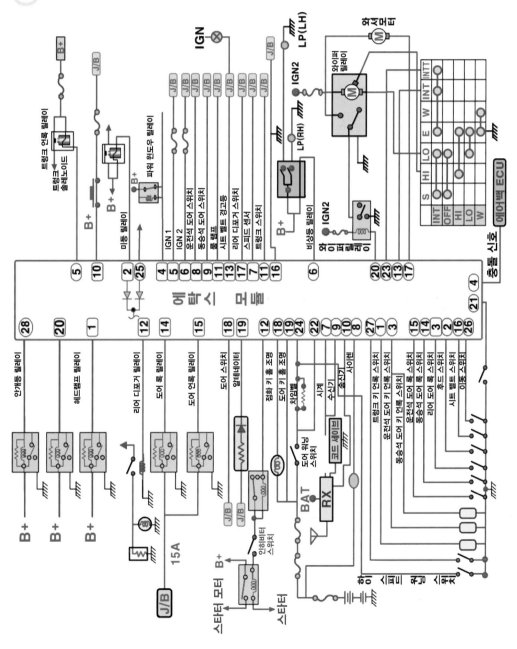

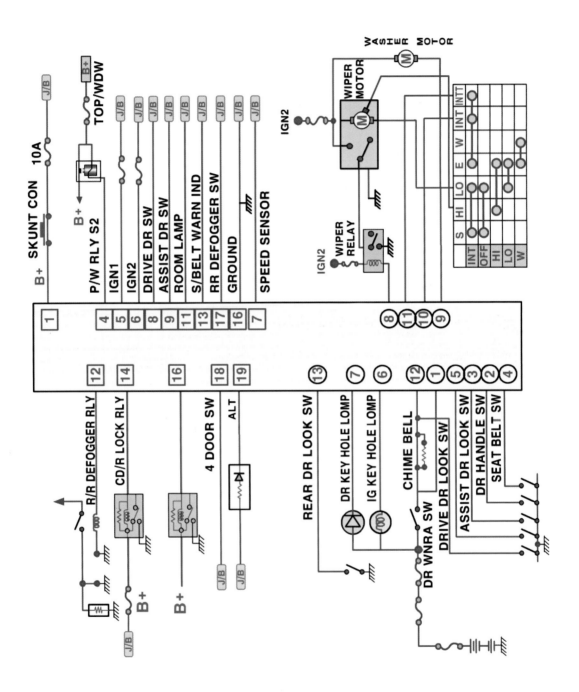

20. BCM & SJB 자기 진단

① BCM^{Body Control Module} 자기 진단

(1) 바디 컨트롤 모듈(B[M)을 통하여 GDS와 통신하여 고장 진단시 고장 코드, 입력값에 대한 모니터링과 액추에이터 강제 구동 및 자기 진단을 사용하여 고장 부위를 좀 더 신속히 파악할 수 있다.

(2) GDS 초기 화면에서 바디 컨트롤 모듈(BCM)을 자기 진단하고자 한다면 차종 및 메뉴를 선택한다.

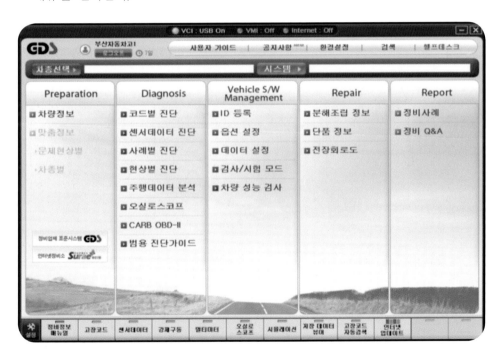

(3) 차종을 선택한다.

(4) 차종을 선택한 후 GDS 초기 화면에서 코드별 진단을 선택한다.

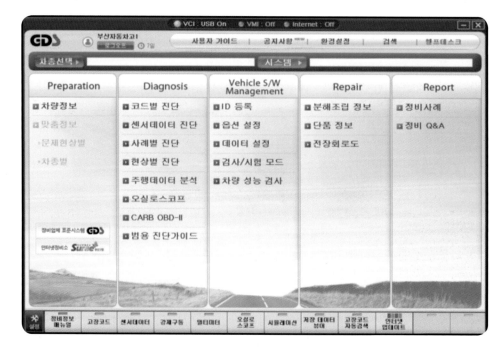

(5) 코드별 진단에서 BCM을 선택한 후 확인을 클릭 한다.

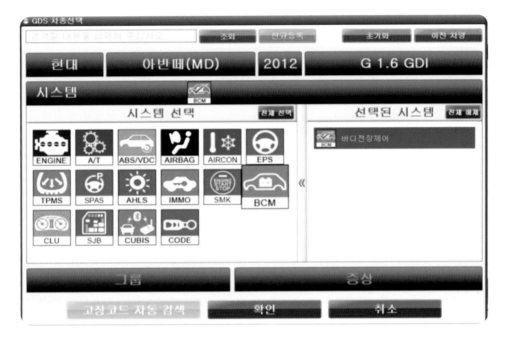

(6) 고장 코드명에서 고장 내용을 확인하여 개별 점검한다. (아래 고장 내용은 4가지)
   ⊙ CAN 통신을 점검한다.

(7) 고장 내용을 확인한 후 아래 센서 테이터를 클릭한다.

(8) 센서 데이터에서 입출력 값에 대한 현재 상태를 확인한다.

(9) 아래 항목을 개별 작동시키면서 센서값의 변화를 읽는다.

🏛 참고

미등 스위치 ON. OFF시키면서 센서값이 ON. OFF로 바뀌는지 확인한다. 바뀌지 않으면 BCM 점검 항목에서 미등 스위치 입력 관계를 점검한다.(스위치 불량, 접지 불량 등)

350

② 스마트 정선 박스^{Smart Junction Bbeullog} 자기 진단

(1) 코드별 진단에서 SJB를 선택한 후 확인을 클릭한다.

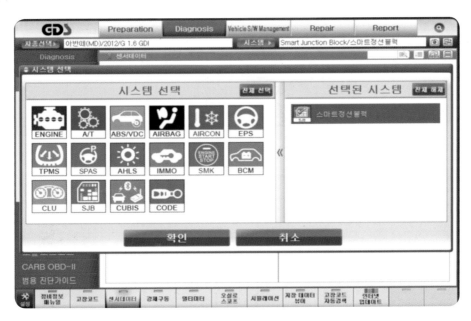

(2) 고장 코드명에서 진단한 고장 내용을 확인한다.(아래 내용은 고장 코드, 센서 테이터 같이 표출)

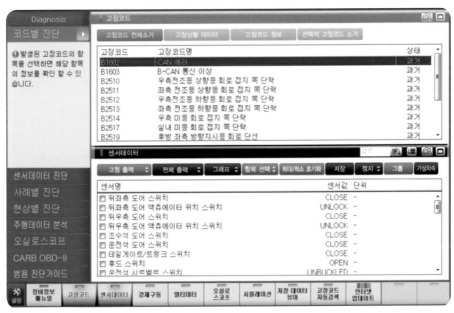

(8) 센서 테이터에서 입출력 값에 대한 현재 상태를 확인한다.

(9) 아래 항목을 개별 작동시키면서 센서값의 변화를 읽는다.

참고

BCM 자기 진단에서 미등 스위치 ON. OFF 입력이 양호하고, SJB 자기 진단에서 미등 릴레이 ON. OFF로 바뀌는지 확인한다. 바뀌지 않으면 미등 릴레이 회로 점검한다.

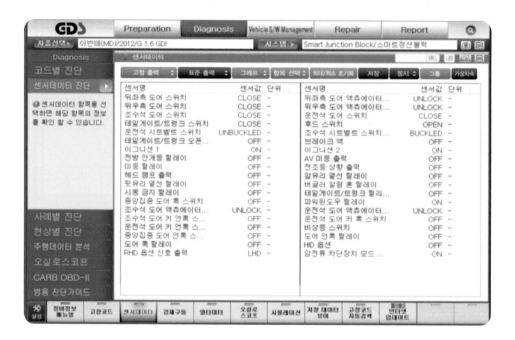

스마트차
전장회로 분석 핸드북2

초 판 발 행 | 2020년 7월 24일
제1판 2쇄발행 | 2021년 4월 1일

저   자 | 차석수·강주원
발 행 인 | 김길현
발 행 처 | (주) 골든벨
등   록 | 제 1987-000018호 ⓒ 2020 GoldenBell Corp.
I S B N | 979-11-5806-464-8
가   격 | 28,000원

편집 및 교정 | 이상호
표지 및 편집 디자인 | 조경미 · 김선아 · 남동우   제작 진행 | 최병석
웹매니지먼트 | 안재명 · 김경희   오프 마케팅 | 우병춘 · 이대권 · 이강연
공급관리 | 오민석 · 정복순 · 김봉식   회계관리 | 이승희 · 김경아

(우)04316 서울특별시 용산구 원효로 245(원효로 1가 53-1) 골든벨 빌딩 5~6F
 • TEL : 도서 주문 및 발송 02-713-4135 / 회계 경리 02-713-4137
          내용 관련 문의 02-713-7452 / 해외 오퍼 및 광고 02-713-7453
 • FAX : 02-718-5510   • http : //www.gbbook.co.kr   • E-mail : 7134135@naver.com